房屋建筑工程全过程 BIM 应用指南

许向前　主编
《房屋建筑工程全过程 BIM 应用指南》编委会　组织编写

中国建筑工业出版社

图书在版编目（CIP）数据

房屋建筑工程全过程 BIM 应用指南/许向前主编；《房屋建筑工程全过程 BIM 应用指南》编委会组织编写. —北京：中国建筑工业出版社，2022.8
ISBN 978-7-112-27431-4

Ⅰ.①房… Ⅱ.①许…②房… Ⅲ.①建筑工程-应用软件 Ⅳ.①TU-39

中国版本图书馆 CIP 数据核字（2022）第 089586 号

责任编辑：徐明怡 张 健
责任校对：李美娜

房屋建筑工程全过程 BIM 应用指南
许向前 主编
《房屋建筑工程全过程 BIM 应用指南》编委会 组织编写
*
中国建筑工业出版社出版、发行（北京海淀三里河路 9 号）
各地新华书店、建筑书店经销
北京科地亚盟排版公司制版
天津翔远印刷有限公司印刷
*
开本：880 毫米×1230 毫米 1/32 印张：3 字数：89 千字
2022 年 7 月第一版 2022 年 7 月第一次印刷
定价：**25.00** 元

ISBN 978-7-112-27431-4
（38893）

《房屋建筑工程全过程 BIM 应用指南》编委会

主　　编：许向前

副 主 编：孙建华　范宏甫　陆正华　李焕军
韩秋宏　董晓进

编写人员：宗　华　张梦林　陆天驰　郑快乐
王秋明　秦春华　田　野　冯国勤
卢　亮　鞠一鸣　殷仁如　郑天翔
王金园　薛金馨　彭思远　鞠　峰
张友华

审查人员：李德智　周荣来　王有根　薛　峰
李世海　张　龙

编写单位：正太集团有限公司
中城建第十三工程局有限公司
锦宸集团有限公司
泰州市绿色建筑与科技发展中心
泰州市 BIM 工程技术研究中心
南京理工大学泰州科技学院

序

作为一个从事可持续城乡建设与治理的高校教师，我曾经参与、主编和独著过几本拙作，也为几本朋友的大作写过推荐语，但是尚未给任何一本书写过序。这次，收到泰州市住房和城乡建设局的邀请，为即将出版的《房屋建筑工程全过程 BIM 应用指南》作序，备感压力，也深感荣耀，更为泰州住建系统的勇于探索而感动。

泰州是建筑强市，对其在建筑产业现代化、信息化、绿色化等方面的先行先试，我通过各种渠道多有耳闻。但是，真正走入泰州住建系统，并有所深入了解，始于 2021 年 6 月 17 日。那天，泰州市住房和城乡建设局对正太集团有限公司、中城建第十三工程局有限公司、锦宸集团有限公司、泰州市 BIM 工程技术研究中心等单位共同编制的《泰州市建筑工程设计信息模型交付技术导则》《泰州市建筑信息模型（BIM）技术应用导则》《泰州市建筑工程竣工信息模型交付技术导则》进行专家评审，我有幸受邀并全程参与评审。

在评审会议上，我发现三本导则的编制和汇报人员都非常年轻，普遍在 20 岁至 30 岁，但是编制思路非常清晰，对 BIM 的技术发展、行业前沿、应用难点等认知都比较深，三本导则的质量也比较高。其中，《泰州市建筑工程设计信息模型交付技术导则》，对建筑工程设计信息模型的建立原则、交付行为和协同过程作出标准要求，可有效提高建筑信息模型在设计阶段中的兼容性和可传递性；《泰州市建筑信息模型（BIM）技术应用导则》，可为规划、设计、施工、运维阶段的 BIM 实施应用等工作提供参考借鉴，避免 BIM 技术在建设工程项目中的盲目应用，为 BIM 技术的实施推广提供有效的指导。《泰州市建筑工程竣工信息模型交付技术导则》，明确了竣工信息模型的成果交付和应用内容，可有效提升我市建筑工程竣工阶段信息模型交付的标准化和规范化水平。

因此，我个人认为，泰州市住房和城乡建设局组织编制的前述三本导则兼具前瞻性和应用性，架构都比较合理，内容比较完整，符合省市推进 BIM 技术应用的相关要求，已达到行业同类导则先进水平，将填补泰州 BIM 技术标准性文件的空白，对推动建筑工程项目 BIM 技术应用，加快建筑业信息化、数字化和智能化发展，具有十分重要的意义。不出所料，2021 年 8 月 1 日正式施行以后，得到许多建设项目设计、施工、运维等相关单位的好评，有一些也传到了我这里，让我很是替这三本导则的编写人员高兴。

本来以为导则发布以后，就是执行和迭代升级，我的任务也结束了。没有想到，在三本导则的基础上，泰州市住房和城乡建设局又进一步优化编制团队，丰富相关内容，在明确总则、术语、基本规定的基础上，明晰 BIM 实施的目标、参与单位、应用环境和方案，系统性阐述规划、设计、施工、运维等阶段 BIM 实施应用要点，以及设计和竣工阶段的 BIM 成果交付标准、内容和规定，并将这些成果正式出版。这些做法让我非常钦佩，故欣然答应为该书作序。

最后，顺便说一下我对于 BIM 存在“三化”现象的一些看法，供各位专家拍砖。其中，第一个化是“神化”，即给予 BIM 过分的期待和描述，认为它能够解决建设项目的所有至少是大部分问题；第二个化是“泛化”，即将 BIM 第一个单词的 Building，不断扩大它的外延，拓展至桥梁、隧道等多种类型和尺度的信息模型；第三个化是“污名化”，这跟前两个化有因果关系，即因为对于 BIM 有过分的期待和过大的外延，使得许多用户对其实际感受有较大的落差，认为 BIM 不过如此，对其使用持消极乃至否定的态度。对此，我个人建议应正确认识 BIM 的优势和局限性，将其作为一个解决建设项目现存部分问题（尤其是信息化相关问题）的一种工具，拥抱和适应相应的挑战与变化。

以此为序，供各位专家参考、批评和指正，谢谢！

李启明

2021 年 9 月 9 日于东南大学九龙湖校区

前　言

本书共8个章节，分别为BIM实施管理、规划阶段BIM实施应用、设计阶段BIM实施应用、施工阶段BIM实施应用、运维阶段BIM实施应用、设计阶段BIM成果交付、竣工阶段BIM成果交付和BIM技术服务计费参考标准。旨在提供一本贯穿建筑工程全寿命期的建筑信息模型技术应用参考书籍。

本书编委会经认真调查研究，总结实践经验，参考国内外相关先进标准，选取推广性较高的建筑信息模型技术应用点，并结合普遍的适用阶段进行归类，编写出本书第1至第5章节。为便于建筑工程设计和竣工阶段中建筑信息模型的信息建立、传递和使用，包括项目参与方内部各阶段之间的协同和项目参与方之间的协作，编写本书第6至第7章节。为推动建筑信息模型技术在建筑业中可持续性发展，明确各应用场景和不同阶段应用的计费标准，并罗列多种项目案例以供参考，编写出本书第8章节。本书虽经过长时间筹备和反复推敲论证，但仍难免存在疏漏与不足之处，恳请读者和专家批评指正并提出宝贵意见。

本书涉及相关专业术语解释如下：

1　建筑信息模型 Building information modeling

在建筑工程及设施全生命期内，对其物理和功能特性进行数字化表达，并依此进行规划、设计、施工、运营的过程和结果的总称。简称“BIM模型”。

2　建筑信息模型技术应用 BIM field application

在规划、设计、施工、运维管理等各个不同阶段，对建筑信息模型进行创建、使用和管理，用以辅助模拟、检测和分析等进行的相关操作。简称“BIM技术应用”。

3　建筑信息模型软件 BIM software

建筑信息模型软件是指用于BIM技术应用工作开展的各种软

件产品，如建模软件、模型审查软件、造价管理软件等。简称“BIM 软件”。

4 信息编码 Information coding

信息编码是将事物或概念赋予具有一定规律、易于计算机和人识别处理的符号，主要作用有：标识、分类、参照。

5 模型精度 Model depth

模型精度是对模型中所包含的信息的丰富程度的定义，既包括了模型中所需的构件类别的范围，也包括各构件类别所包含的非几何信息的丰富程度。

6 构件精细度 Accuracy of component

构件精细度同时由构件的几何信息等级和非几何信息等级决定，代表了构件信息的详细程度。

7 设计信息模型 Design information modeling

设计信息模型是指在建筑工程项目设计过程中不断添加各种变更信息，并符合设计交付和应用的 BIM 模型。又称“设计 BIM 模型”。

8 设计信息模型交付物 Design information modeling deliverables

由设计信息模型导出的竣工信息模型数据。简称“交付物”。

9 竣工信息模型 Completion information modeling

建筑工程项目竣工阶段，在施工图信息模型基础上加入施工过程中产生的变更信息，并符合竣工交付和应用的 BIM 模型。又称“竣工 BIM 模型”。

10 竣工信息模型交付物 As-built information modeling deliverables

由竣工信息模型导出的竣工信息模型数据。简称“交付物”。

11 交付方 Deliverables provider

建筑信息模型应用相关合约中的乙方，属于建筑信息模型的交付方。

12 被交付方 Deliverables purchaser

建筑信息模型应用相关合约中的甲方，属于建筑信息模型的接收方。

13 全生命期 Life-Cycle

建筑物从计划建设到使用过程终止所经历的所有阶段的总称，包括但不限于策划、立项、设计、招投标、施工、审批、验收、运营、维护等环节。

14 BIM 模型说明书 BIM Instruction book of model

用于说明建筑信息模型的组成方式、基本信息、主要范围、使用方式、主要用途等。

15 运维管理平台 Operation and maintenance management platform

基于模型的综合信息管理平台，主要通过该平台对模型的浏览、操作、修改等进行管理。

目　录

第1章　BIM实施管理

1.1　BIM应用实施目标

1.1.1　建筑工程项目BIM技术应用过程中，应考虑BIM模型在工程全生命期的应用。

1.1.2　规划阶段BIM技术应用宜基于规划BIM模型进行各类分析、决策，范围包括：项目选址规划、工程地质勘察、概念模型构建、建设条件分析等。

1.1.3　设计阶段BIM技术应用宜基于设计BIM模型进行各类模拟、优化、出图，范围包括：建筑场地分析、建筑性能模拟、设计方案比选、各专业模型建立、面积明细表统计、初步设计图纸输出、施工模型创建、竖向净空优化、虚拟仿真漫游、二维制图表达等。

1.1.4　施工阶段BIM技术应用宜基于施工BIM模型进行各类策划、深化、管控，范围包括：施工场地策划、图纸模型会审、施工模型深化、三维可视应用、施工进度控制、质量安全控制、施工成本控制、设计变更管理、竣工模型构建等。

1.1.5　运维阶段BIM技术应用宜基于运维BIM模型进行管理、维护，范围包括：运维方案策划、运维平台搭建、运维模型创建、运营维护管理、运维平台维护等。

1.2　实施参与单位职责

1.2.1　建设单位

1　组织BIM实施应用策划。

2　确定BIM技术应用目标。

3 选择项目 BIM 管理平台。

4 建立 BIM 技术应用管理体系。

5 落实 BIM 技术应用专项费用。

6 明确各参建单位 BIM 工作内容。

7 监督、指导各阶段、各参建单位的 BIM 实施应用内容。

8 审查、接收、存档各阶段、各参建单位的 BIM 应用成果。

9 组织各参建单位对竣工 BIM 模型与建筑工程实体、竣工图纸的一致性校核。

10 组织各参建单位进行项目 BIM 技术应用总结。

11 其他应由建设单位实施、管理的 BIM 相关工作。

1.2.2 咨询单位

1 协助建设单位确定 BIM 技术应用目标。

2 编写项目 BIM 实施应用策划方案。

3 协助建设单位选定 BIM 管理平台。

4 为各参建单位提供 BIM 技术支持。

5 协助建设单位建立 BIM 技术应用管理体系。

6 协助建设单位明确各参建单位 BIM 工作内容。

7 协助建设单位监督、指导各阶段、各参建单位的 BIM 实施应用内容。

8 协助建设单位审查、接收、存档各阶段、各参建单位的 BIM 应用成果。

9 主导竣工 BIM 模型与建筑工程实体、竣工图纸的一致性校核。

10 协助建设单位组织各参建单位进行项目 BIM 技术应用总结。

11 其他应由咨询单位实施、管理的 BIM 相关工作。

1.2.3 勘察单位

1 明确勘察阶段 BIM 技术应用目标。

2 编制勘察阶段 BIM 实施方案。

3　组织建立 BIM 实施应用架构。

4　创建勘察阶段 BIM 模型。

5　开展勘察阶段 BIM 技术应用。

6　提交勘察阶段 BIM 成果。

7　参与竣工 BIM 模型与建筑工程实体、竣工图纸的一致性校核。

8　完成勘察阶段项目 BIM 技术应用总结。

9　其他应由勘察单位实施、管理的 BIM 相关工作。

1.2.4　设计单位

1　明确设计阶段 BIM 技术应用目标。

2　编制设计阶段 BIM 实施方案。

3　组织建立 BIM 实施应用架构。

4　创建设计阶段 BIM 模型。

5　开展设计阶段 BIM 技术应用。

6　提交设计阶段 BIM 成果。

7　参与竣工 BIM 模型与建筑工程实体、竣工图纸的一致性校核。

8　完成设计阶段项目 BIM 技术应用总结。

9　其他应由设计单位实施、管理的 BIM 相关工作。

1.2.5　施工单位

1　明确施工阶段 BIM 技术应用目标。

2　编制施工阶段 BIM 实施方案。

3　组织建立 BIM 实施应用架构。

4　创建施工阶段 BIM 模型。

5　开展施工阶段 BIM 技术应用。

6　提交施工阶段 BIM 成果。

7　参与竣工 BIM 模型与建筑工程实体、竣工图纸的一致性校核。

8　完成施工阶段项目 BIM 技术应用总结。

9 其他应由施工单位实施、管理的 BIM 相关工作。

1.2.6 监理单位

1 明确监理 BIM 技术应用目标。

2 编制监理 BIM 实施方案。

3 组织建立监理 BIM 实施应用架构。

4 对各参与方提交的 BIM 成果进行监督和审查。

5 对图纸及 BIM 模型中存在的问题提出书面意见和建议。

6 提交 BIM 质量评估报告。

7 参与竣工 BIM 模型与建筑工程实体、竣工图纸的一致性校核。

8 完成监理工作的 BIM 技术应用总结。

9 其他应由监理单位实施、管理的 BIM 相关工作。

1.2.7 运维单位

1 明确运维阶段 BIM 技术应用目标。

2 编制运维阶段 BIM 实施方案。

3 组织建立 BIM 实施应用架构。

4 参与竣工 BIM 模型与建筑工程实体、竣工图纸的一致性校核。

5 接收竣工 BIM 模型并进行深化、更新、维护。

6 其他应由运维单位实施、管理的 BIM 相关工作。

1.3 BIM 技术应用环境

1.3.1 工作环境

1 进行 BIM 技术应用的工作环境应配备必要的软硬件设施。

2 硬件设施应接入互联网，且具备满足工作需求的局域网。

1.3.2 软件系统

1 软件系统宜包括建模软件、应用软件和 BIM 协同工作平台。

2 各参建单位宜根据建筑工程业务特征及信息化发展需求选择相应BIM应用软件。

3 选择多种BIM软件进行工作时应综合考虑不同软件产品之间的信息交互能力。

1.3.3 硬件配置

1 硬件配置应满足相关BIM软件正常运行和协同工作的要求。

2 针对硬件配置要求高、持续时间较短的BIM工作，可视需求采购少量较高配置硬件。

1.3.4 网络系统

1 应在满足实际应用需求的同时，兼顾安全性和稳定性。

2 宜具有可维护性和可扩展性，满足日常使用的同时适应未来建设发展需求。

1.3.5 人员安排

1 各参建单位BIM工作人员应具备相关应用阶段专业的教育背景及BIM应用能力。

2 各参建单位BIM工作人员宜具有国家权威机构颁发的岗位资格证书。

1.4 BIM实施应用方案

1.4.1 应由建设单位组织各参建单位制定统一的BIM实施应用方案，BIM实施应用方案应包括以下内容：

1 编制依据，包括合同文件、施工图纸、施工方案、相关标准、规范和参考文件等。

2 工程概况，包括工程名称、建设概况、工程特点等。

3 BIM实施应用目标。

4 BIM工作组织架构。

5 BIM实施应用环境。

6 BIM 实施应用标准。

7 项目管理平台建设。

8 BIM 实施应用模式。

9 BIM 实施应用范围。

10 BIM 实施应用流程。

11 BIM 实施应用进度计划。

12 BIM 实施应用成果要求。

13 BIM 实施应用管理保障措施。

1.4.2 鼓励各参建单位基于统一的 BIM 实施应用方案自行编制要求更高、内容更细的内控 BIM 实施应用方案。

第2章　规划阶段BIM实施应用

2.1　项目选址规划

2.1.1　工作目标

使用BIM软件搭建三维场地模型，利用BIM技术的可视化及模拟性，分析建设项目场地的主要影响因素，为建设项目选址规划提供有效、准确的数据支撑，保证评估结果的合法性、合理性和安全性。

2.1.2　工作准备

1　城乡规划有关法律法规、标准导则以及建设主管部门的相关建设要求。

2　建设项目基本情况及前期收集的相关调查信息。

2.1.3　工作内容

1　建立三维可视化场地BIM模型。

2　使用场地分析软件评估建设项目选址的各项影响因素，如交通运输情况、公共设施服务半径、周边自然环境、能源供应条件等。

3　以分析结果为凭据，对建设项目选址的科学性、合理性等进行评估，并提出准确的结论性意见。

2.1.4　工作成果

1　建设项目场地BIM模型，包含场地区域位置、指北针和周围地形条件等相关数据信息。

2　各项分析成果汇总报告，包含总体用地面积、开发强度、容积率控制及结论性意见等。

2.2 工程地质勘察

2.2.1 工作目标

通过 BIM 软件进行地质数据可视化处理，熟悉场地的地质条件。同时与建设项目场地 BIM 模型融合，分析与建筑物之间的相互影响，为后续勘察设计提供一定的依据。

2.2.2 工作准备

1 工程地质勘察所需的技术依据及执行标准文件。

2 土工试验以及现场勘察的相关数据信息。

3 建设项目场地 BIM 模型。

2.2.3 工作内容

1 在 BIM 软件中输入土工试验以及现场勘察的数据信息，并进行数据分析和可视化处理。

2 根据空间位置关系，将建设项目场地 BIM 模型与其地下空间工程地质信息进行三维融合。

3 通过查看三维融合模型，准确了解建设项目场地工程地质条件、评估工程地质问题，为勘察设计提供一定的依据。

2.2.4 工作成果

1 工程地质勘察 BIM 模型，包含建设项目 BIM 信息与工程地质信息等。

2 工程地质勘察总结报告，包含工程地质条件说明、环境影响及对策建议、施工方法建议等。

2.3 概念模型构建

2.3.1 工作目标

在建设项目场地 BIM 模型的基础上，建立建设项目概念 BIM

模型。分析判断建设项目与周边城市空间、群体建筑各单体间的适宜性等，提出设计立意、方案构思设想及创意表达形式的初步解决方法。并运用软件进行初步的日照及阴影分析、通风模拟分析、能耗物理分析等。

2.3.2　工作准备

1　建设项目用地的各项规划指标等背景资料。

2　建设项目场地 BIM 模型。

2.3.3　工作内容

1　收集整理建设项目用地的规划指标要求，确定构建建设项目概念 BIM 模型的各项形体参数和主要造型材料参数等信息。

2　搭建建设项目概念 BIM 模型。

3　使用 BIM 软件对建设项目概念 BIM 模型进行外部空间环境及其他指标的分析。

4　总结归纳分析结果，形成分析报告，同时依据结果对建设项目概念 BIM 模型进行优化。

2.3.4　工作成果

1　优化后的建设项目概念 BIM 模型，包含建筑各项空间尺寸信息、外部表皮材质信息等。

2　外部空间环境分析报告及相关图表资料。

2.4　建设条件分析

2.4.1　工作目标

查看建设项目场地 BIM 模型及概念 BIM 模型中的数据信息，实时统计各项技术经济指标，如建筑占地、建筑密度、绿地率等。分析建设项目现状条件，形成项目规划报告，为项目进一步设计提供依据。

2.4.2 工作准备

1 建设项目场地 BIM 模型。

2 建设项目概念 BIM 模型。

3 城市规划相关法规规定的规划建设条件要求。

2.4.3 工作内容

1 根据相关法规规定的建设条件，对概念 BIM 模型的建设范围、用地布局、竖向规划等进行实时分析，形成相应的修改意见。

2 参照规划建设分析结果，修改完善建设项目概念 BIM 模型，形成最终的建设项目规划 BIM 模型，作为确定规划建设指标的参考依据。

3 在建设项目策划书或规划报告内纳入建设项目规划 BIM 模型的相应信息内容。

2.4.4 工作成果

1 建设项目规划 BIM 模型，包含建筑的基本外部特征及空间尺寸、位置等。

2 建设项目策划书，包含规划 BIM 模型相关信息数据，应符合建设单位项目申报和相关建设主管部门的审批要求。

第3章　设计阶段BIM实施应用

3.1　建筑场地分析

3.1.1　工作目标

通过BIM软件，建立场地分析BIM模型。运用各类分析软件，对建筑场地的主要影响因素进行数据分析，形成可视化的模拟分析数据，作为评估设计方案可行性的依据。

3.1.2　工作准备

1　建设项目信息及建筑场地内的工程信息测量勘探数据，如项目地块信息、工程勘探报告、规划文件等。

2　通过GIS数据、无人机地形测绘、点云数据等获取项目周边地形信息。

3　场地既有及周边建设条件，如场地设施、现状绿化、管网信息等。

3.1.3　工作内容

1　收集整理建筑场地周边的地形条件、气候条件及地质条件信息，如日照、气温、地形地貌、水文地质、市政管网等。

2　创建场地分析BIM模型，模型需体现等高线、高程、坡度、方向、流域面积等数据信息。

3　利用分析软件对场地分析BIM模型进行交通流线、周围环境等快速分析并形成总结报告，为场地设计方案或工程设计方案的可行性评估提供指导依据。

3.1.4　工作成果

1　场地分析BIM模型，模型中应包含场地地形、道路、绿化水体、建筑地坪等。

2 场地分析总结报告，报告中应体现场地空间布局分析、不同场地设计方案对比分析结果等。

3.2 建筑性能模拟

3.2.1 工作目标

通过 BIM 软件，建立 BIM 模型，运用专业的性能分析软件，如流体力学模拟分析软件、能耗模拟分析软件等，对建筑物的通风、采光、能耗排放、人员疏散等进行模拟分析，以提高建筑的性能、质量、安全和合理性。

3.2.2 工作准备

1 初始方案 BIM 模型，模型精度应满足各类分析软件的数据需求。

2 建筑项目周边的环境数据，包括气象数据、周边建筑物等各类分析所需的数据信息。

3.2.3 工作内容

1 依据准确的数据建立各类分析软件所需的信息模型。

2 将初始方案 BIM 模型导入分析软件中，设定地理位置、气象参数等数据信息，进行建筑立面、建筑体量即建筑空间等性能模拟分析计算，获得各单项分析数据结果。

3 综合各项分析结果，以此调整初始方案 BIM 模型，寻找能够达到建筑综合性能平衡点的数据信息。

4 根据最终结果，调整原有设计方案，实现最大化提高建筑物的性能。

3.2.4 工作成果

1 各类模拟分析报告，报告中应包含 BIM 模型图像及分析数据结果。

2　专项分析 BIM 模型，模型的深度应满足项目分析的数据要求，保证分析结果的准确性。

3.3　设计方案比选

3.3.1　工作目标

通过 BIM 软件，建立多个设计方案 BIM 模型，充分运用三维模型的可视化优势，实现建设项目设计方案决策的直观性、高效性。经过各参建方沟通、讨论、比选，最终确定最佳的设计方案。

3.3.2　工作准备

1　建设项目规划建筑指标、方案设计相关要求。

2　多种设计方案资料文件，包含二维设计图纸、方案设计说明等。

3.3.3　工作内容

1　根据设计方案资料，建立多个设计方案 BIM 模型，确保方案设计信息与 BIM 模型相关信息保持一致。

2　对多个设计方案 BIM 模型分别进行工程量统计及工期模拟，以此提升投资估算准确度，为设计方案比选提供一定的经济依据。

3　以项目可行性、功能性、美观性及建筑性能分析成果等指标为评审依据，对建设项目设计方案进行评审，形成方案比选报告。

4　根据方案比选报告体现的方案差异，确定最终的方案设计和 BIM 模型。

3.3.4　工作成果

1　方案比选报告，报告中应包含多个设计方案的比选指标数据信息及结论。

2　最优设计方案及 BIM 模型。

3　备选设计方案及 BIM 模型。

3.4 各专业模型建立

3.4.1 工作目标

在 BIM 软件中对方案设计阶段的建筑、结构专业 BIM 模型进一步细化，完善建筑、结构设计方案。同时完成机电专业部分 BIM 模型的创建，协调优化机房等管线密集位置，为施工图设计奠定基础。

3.4.2 工作准备

1 最终确定的方案设计 BIM 模型。

2 最终确定的方案设计各专业二维图纸。

3.4.3 工作内容

1 首先应根据相关制图标准要求创建各专业统一的项目样板文件，项目样板需包括轴网、标高、线型图案、对象样式等标准设置，可提高设计、建模效率，保证建模质量。同时，还应根据实际需求，完成族库准备、模型拆分的规划统筹等工作。

2 依据各专业二维图纸，建立各专业 BIM 模型。

3 检查各专业 BIM 模型与二维设计图纸的统一性及专业设计的完整性、正确性。同时应对重要空间主干管线进行初步净高分析。

3.4.4 工作成果

1 建筑、结构、机电专业 BIM 模型。

2 机电专业初步净高分析报告。

3.5 面积明细表统计

3.5.1 工作目标

在 BIM 软件中提取 BIM 模型的建筑房间面积信息，利用软件的参数化和计算能力快速、精确统计各项常用面积指标。并在BIM模型修改过程中，实时关联输出面积信息，以辅助设计人员对各项面积指标进行有效控制。

3.5.2　工作准备

优化后的初步设计BIM模型。

3.5.3　工作内容

1　根据项目需求，在BIM软件中设置面积明细表模板。

2　通过建筑专业BIM模型提取相应面积信息。

3　检查复核BIM模型中建筑面积、房间面积信息的准确性。

4　导出面积明细表，根据设计相关需要，分别统计相应的面积指标参数，形成总结报告，校验是否满足技术经济指标要求。

3.5.4　工作成果

1　BIM模型，包含建筑面积、房间面积等信息。

2　面积明细表及各项面积指标报告。

3.6　初步设计图纸输出

3.6.1　工作目标

通过BIM软件，以初步设计BIM模型为基础，依据国家、行业和地方现行相关标准的要求生成初步设计图纸。

3.6.2　工作准备

1　优化后的初步设计BIM模型。

2　国家、行业和地方现行相关标准。

3.6.3　工作内容

1　在软件中创建各层平面图、立面图、剖面图及节点图等，视图的显示样式、比例等设置需符合现行制图规范的相关要求。

2 完善各视图中的专业信息，添加注释信息，保证初步设计图纸的完整性。

3 将建筑、结构、机电专业 BIM 模型进行整合，对整合后的模型进行检查，确保各专业 BIM 模型一致。

4 在 BIM 软件中对导出设置中的图层、线型、颜色等进行调整，输出各专业初步设计图纸。

3.6.4 工作成果

1 各专业 BIM 模型，包含平面图、立面图、剖面图等视图。

2 各专业初步设计图纸，应符合国家、行业和地方现行相关标准的规定。

3.7 施工模型创建

3.7.1 工作目标

在各专业的初步设计 BIM 模型上进行深化设计，使其能满足现场施工需要。

3.7.2 工作准备

1 各专业初步设计 BIM 模型。

2 项目样板文件及族库。

3.7.3 工作内容

1 采集现场的实际数据，并依据图纸与现场实际情况，在初步设计 BIM 模型的基础上进行深化设计。

2 将深化设计后的模型提交给相关单位，并组织交底。

3 依据交底会议提出的问题，对模型再次进行优化处理。

3.7.4 工作成果

各专业施工图 BIM 模型。

3.8 竖向净空优化

3.8.1 工作目标

基于各专业施工图BIM模型的基础上，对建筑物的竖向高度进行分析，优化各专业构件的空间排布，提供最优的净高优化调整方案。

3.8.2 工作准备

各专业施工图BIM模型。

3.8.3 工作内容

1 确定需要进行净空优化的部位及净空高度要求。

2 在不发生碰撞的基础上，对模型进行处理，调整各专业的管线排布模型，最大化提升净空高度。

3 对调整后的模型进行校准，确保其符合施工规范。

4 导出净高分析报告。

3.8.4 工作成果

1 净高分析报告。

2 进行净高优化后的BIM模型。

3.9 虚拟仿真漫游

3.9.1 工作目标

利用BIM技术的可视化特性，模拟建筑物的三维空间，通过漫游、动画的形式提供身临其境的视觉、空间感受，及时发现不易察觉的设计缺陷或问题，减少由于事先规划不周全而造成的损失。

3.9.2 工作准备

进行净高优化后的BIM模型。

3.9.3 工作内容

1 将优化后的各专业 BIM 模型导入至虚拟动画软件。

2 依据实际情况在虚拟动画软件中对 BIM 模型外观进行调整。

3 制作虚拟漫游动画，该动画需能反映建筑的整体布局、主要空间布置以及关键部位设置。

4 将动画导出，并留存原始制作文件，以备后期调整。

3.9.4 工作成果

1 动画制作原始文件。

2 建筑漫游动画。

3.10 二维制图表达

3.10.1 工作目标

对三维模型进行优化处理后，在模型的基础上完善专业信息注释，并针对复杂节点出具节点大样详图等，减少二维设计的平、立、剖之间的不一致问题，并依据国家、行业和地方现行相关标准的要求生成设计交付 BIM 模型和施工图纸。

3.10.2 工作准备

1 各专业施工图 BIM 模型。

2 相关二维制图标准。

3 国家、行业和地方现行相关标准。

3.10.3 工作内容

1 创建各专业的平面图、立面图、剖面图。

2 按照相关二维制图标准，为各专业模型添加专业信息注释。

3 对施工难度较大的部位，创建三维透视图与轴测图辅助表达。

4 将图纸与原有设计图纸进行比对。

5　复核图纸，保证图纸准确性。

3.10.4　工作成果

1　设计交付 BIM 模型。

2　各专业施工图纸，应符合国家、行业和地方现行相关标准的规定。

第4章　施工阶段BIM实施应用

4.1　施工场地策划

4.1.1　工作目标

结合施工进度，对施工场地进行可视化规划布置，测算不同阶段的场地空间，实现现场布置的科学动态管控。

4.1.2　工作准备

1　相关施工图纸。

2　相关施工方案。

3　实勘数据资料。

4　各专业施工图BIM模型。

4.1.3　工作内容

1　宜结合企业自身安全文明施工相关图集资料，预先建立场地布置相关模型库。

2　根据前期工作准备收集的项目资料，结合既有建筑设施、周边环境、安全文明施工要求等情况，基于预先建立的场地布置相关模型库搭建施工场地布置BIM模型。

3　结合已完成的三维模型、各阶段漫游交底视频、图纸及相应的技术文件，指导现场施工作业。

4　输出物资明细表等相关文件，辅助物资采购。

4.1.4　工作成果

1　各阶段的场地布置BIM模型。

2　施工阶段场地布置漫游视频。

3　物资明细表。

4.2 图纸模型会审

4.2.1 工作目标

基于BIM的图纸会审解决图纸审查过程中空间层面的不足，通过碰撞检查的方式直观地发现各专业图纸间的碰撞问题。

4.2.2 工作准备

1 施工图设计图纸及设计文件。

2 各专业施工图BIM模型。

4.2.3 工作内容

1 通过各专业施工图BIM模型进行碰撞检查、三维视图漫游审查。

2 依据检查和审查情况记录设计施工图的图纸问题。

3 设计单位依据图纸问题记录提出修改意见。

4 依据修改意见在模型中进行修订，形成图纸会审BIM模型。

5 依据图纸问题记录及修改意见形成最终图纸会审问题报告，并由各相关单位签认。

4.2.4 工作成果

1 图纸会审BIM模型。

2 图纸会审问题报告。

4.3 施工模型深化

4.3.1 管线施工深化

1 工作目标

通过对各专业模型进行碰撞检测，及时找出施工图纸中存在的“错、漏、碰、缺”问题，避免将设计阶段中的不合理问题传递至施工阶段。

2 工作准备

1）各专业施工图纸。

2）图纸会审问题报告。

3）各专业施工图 BIM 模型。

3 工作内容

1）各方商谈并制定管线综合优化标准。

2）整合建筑、结构、给水排水、暖通、电气等各专业模型，形成整合的 BIM 模型。

3）对各专业模型进行碰撞检测，并导出检测报告。

4）依据确定的管线综合原则，对各专业模型进行优化。

5）审查调整后的各专业 BIM 模型，确保模型准确，并生成机电深化设计图纸。

4 工作成果

1）管线综合优化标准。

2）碰撞检查分析报告。

3）优化后的各专业 BIM 模型。

4）机电深化设计图纸。

4.3.2 预制构件深化

1 工作目标

为确保预制构件加工准确和生产、施工安全简便，利用 BIM 技术进行模型分析后合理拆分并优化，确保深化图纸精确，降低生产和现场施工难度，提高预制构件生产效率，提升建筑品质。

2 工作准备

1）根据图纸使用 BIM 技术协同建模。

2）预制构件施工方案及相关文件和资料。

3 工作内容

1）使用 BIM 软件对原 BIM 模型进行分析后合理拆分，并对预制构件模型进行节点设计和添加必要的参数信息。

2）对预制构件模型进行可视化预拼装，通过三维模型检查预制构件是否存在尺寸错误、碰撞等问题，并对模型进行优化处理。

3）导出预制构件模型信息，生成预制构件加工图和物料清单，确认无误后，提供给预制构件厂进行生产。

4）构件进场时，根据预制构件加工图进行复核，如有偏差责令返厂处理。

4　工作成果

1）预制构件单元深化模型。

2）整体预拼装模型。

3）预制构件加工图。

4）物料清单。

4.4　三维可视应用

4.4.1　施工方案比选

1　工作目标

运用相关BIM软件，生成多个施工方案的不同BIM模型，同时充分运用BIM技术三维可视化功能，通过直观分析比选得到最佳方案。

2　工作准备

1）施工图BIM模型及图纸。

2）相关施工方案。

3　工作内容

1）在收集精确数据的基础上搭建包含方案完整信息的BIM模型。

2）对各备选方案可行性、功能性、美观性和经济性等指标进行比选分析，并形成方案比选报告。

3）依据方案比选报告，确定最佳施工方案及相应施工方案BIM模型。

4　工作成果

1）方案比选报告。

2）最优设计方案及相应BIM模型。

4.4.2 施工方案模拟

1 工作目标

在深化设计模型的基础上进行施工可视化的模拟，出具施工方案模拟动画和施工方案模拟 BIM 模型，以便进行施工方案可视化交底，指导现场施工。

2 工作准备

1）施工图 BIM 模型及图纸。

2）相关施工方案。

3）施工进度计划。

3 工作内容

1）确定施工过程中所用材料、机械的尺寸规格及型号。

2）确定材料堆场和加工场的位置。

3）根据所收集的施工方案、工艺流程，构建施工过程演示 BIM 模型，并进行施工方案模拟。

4）对于施工关键内容的施工模拟，应生成施工方案模拟动画并提交相关人员审核。

5）审核通过后据此修订原施工方案并进行方案交底，指导施工作业。

4 工作成果

1）施工方案模拟动画。

2）施工方案模拟 BIM 模型。

4.4.3 施工工艺模拟

1 工作目标

利用三维动画、VR 等技术帮助施工人员理解复杂的施工工艺，辅助施工作业，提高生产效率。

2 工作准备

1）相关施工图纸。

2）相关施工方案。

3）相关施工标准。

3　工作内容

1）采集现场的实际数据，并依据图纸与现场实际情况，建立出所需的施工工艺模拟BIM模型，并保证模型的准确度。

2）结合施工工艺实施方案，制作施工工艺模拟动画，搭建施工工艺虚拟交互场景。

3）会同相关人员对可视化成果进行审查确认。

4）依据施工工艺模拟动画和施工工艺虚拟交互场景对相关人员进行可视化技术交底。

4　工作成果

1）施工工艺模拟BIM模型。

2）施工工艺模拟动画。

3）施工工艺虚拟交互场景。

4.5　施工进度控制

4.5.1　工作目标

将时间信息与施工图BIM模型相关联，模拟施工进度安排，并与现场实际进度对比分析，以便对项目进度进行合理的控制与优化，保证对现场施工进度的有效把控。

4.5.2　工作准备

1　施工图BIM模型。

2　相关施工方案。

3　施工进度计划。

4.5.3　工作内容

1　收集现场实际进度信息。

2　结合施工进度计划制作施工进度模拟动画，用以直观表达各个时间节点的进展情况。

3　将施工进度模拟动画与实际进展情况进行对比，分析偏差原因，并生成施工进度分析报告。

4 定期开展进度分析专题会议，及时纠偏，并生成施工进度控制报告。

4.5.4 工作成果

1 施工进度模拟 BIM 模型。

2 施工进度模拟动画。

3 施工进度分析报告。

4 施工进度控制报告。

5 进度分析专题会议的会议纪要。

4.6 质量安全控制

4.6.1 工作目标

通过施工图 BIM 模型结合施工现场管理平台进行综合应用，对施工现场进行实时监控，提高质量、安全检查的高效性与准确性，进而实现项目质量、安全可控的应用目标。

4.6.2 工作准备

1 施工图 BIM 模型。

2 施工现场管理平台。

3 质量、安全相关管理方案。

4 其他各项相关资料。

4.6.3 工作内容

1 收集并实时更新现场的实际数据。

2 根据现场实际情况对施工图 BIM 模型进行优化处理。

3 将优化后的施工图 BIM 模型与质量、安全管理方案导入施工现场管理平台。

4 通过施工现场管理平台实时监控现场施工质量、安全管理情况，并及时更新相关信息。

5 在出现质量、安全问题后，及时上传至施工现场管理平台，并附以相关图像、视频、音频等信息。

6　依据施工现场管理平台集成的质量、安全问题，分析其产生原因，并生成施工质量与安全问题分析报告。

7　进而制定并采取解决措施，并将数据保存至模型中。

8　收集、记录每次问题的相关资料，并生成质量与安全问题处理报告，积累处理经验，为以后项目的质量、安全控制提供实例依据。

4.6.4　工作成果

1　质量与安全问题分析报告。

2　质量与安全问题处理报告。

3　施工现场管理平台数据信息。

4.7　施工成本控制

4.7.1　工作目标

利用 BIM 技术，对项目进度、成本、质量等相关信息数据进行集成管理，从而实现施工成本控制的高效性与准确性，避免了人力、物力、财力的浪费，提升建设工程项目的经济效益。

4.7.2　工作准备

1　施工图 BIM 模型。

2　建设工程工程量清单计价规范。

3　建筑与装饰工程计价定额。

4　其他各项相关资料。

4.7.3　工作内容

1　收集并实时更新现场的实际数据。

2　根据现场收集的实际情况，添加成本控制所需的数据信息至施工图 BIM 模型中，生成成本控制 BIM 模型。

3　与现场商务管理部门校核确认模型的准确性，经确认无误后，导出模型工程量。

4 通过造价软件自动接收工程量信息，并关联工程造价相关信息，生成工程量清单文件。

5 根据设计变更相关文件，实时更新成本控制 BIM 模型，并导出因设计变更导致的工程量变更信息，形成变更工程量清单文件。

6 待工程完工后，依据施工过程中涉及成本控制的全部数据信息，生成最终用于结算的竣工结算 BIM 模型。

4.7.4 工作成果

1 成本控制 BIM 模型。

2 工程量清单文件。

3 变更工程量清单文件。

4 竣工结算 BIM 模型。

4.8 设计变更管理

4.8.1 工作目标

依据设计变更文件，调整施工图 BIM 模型，并将变更信息记录至施工图 BIM 模型。同时将变更前后的模型进行对比，以便进行精细化管控。

4.8.2 工作准备

1 原施工图纸。

2 设计变更文件。

3 施工图 BIM 模型。

4.8.3 工作内容

1 依据下发的变更文件，对原有的模型进行调整，并将变更信息记录至施工图 BIM 模型。

2 依据调整前后的施工图 BIM 模型输出变更前后的工程量

信息。

3　将工程量变更信息反馈至商务管理部门进行后续处理。

4.8.4　工作成果

1　调整后的施工图BIM模型。

2　工程量变更信息。

4.9　竣工模型构建

4.9.1　工作目标

在建筑项目竣工验收前，依据国家、行业和地方现行相关标准的要求调整施工图BIM模型，形成竣工BIM模型。

4.9.2　工作准备

1　原设计施工图纸。

2　设计变更文件。

3　依据设计变更调整后的施工图BIM模型。

4　其他各项相关资料。

4.9.3　工作内容

1　依据原设计施工图纸和设计变更文件校核依据设计变更调整后的施工图BIM模型。

2　依据国家、行业和地方现行相关标准的要求调整已包含设计变更信息的施工图BIM模型，并生成竣工BIM模型。

3　依据竣工BIM模型校核竣工图绘制的准确性，并形成竣工图校核报告。

4.9.4　工作成果

1　竣工BIM模型。

2　竣工图校核报告。

第5章　运维阶段BIM实施应用

5.1　运维方案策划

5.1.1　工作目的

由运维管理单位为主导，咨询单位参与，依据运维需求调研表等文件共同进行运维方案的策划，以此作为指导后期运维的纲领性文件。

5.1.2　工作准备

1　运维需求调研表。

2　可行性分析报告。

3　功能分析报告。

4　风险评估报告。

5　成本评估报告。

5.1.3　工作内容

1　依据运维需求调研表、可行性分析报告等文件，编制运维方案。

2　运维方案应梳理出不同使用对象的功能性模块和运维应用的角色、权限管理等。

3　组织相关人员共同商讨确认运维方案的可行性。

5.1.4　工作成果

运维方案。

5.2　运维平台搭建

5.2.1　工作目的

通过运维平台的搭建，使其既满足短期的管理需求，又能支持中远期的规划要求。

5.2.2　数据准备

1　既有运维平台资料。

2　运维方案。

5.2.3　工作内容

1　根据运维方案相关需求，初步选择平台供应商提供的运维平台。

2　综合考量现有运维平台功能和运维方案相关需求的匹配度。

3　若匹配度不满足需求，宜要求平台供应商进行平台新增功能点开发，并生成运维平台使用手册。

5.2.4　工作成果

1　选定运维平台。

2　运维平台使用手册。

5.3　运维模型创建

5.3.1　工作目的

通过对竣工 BIM 模型的处理优化，生成运维 BIM 模型，使其数据信息可被运维平台正常接收，并满足后期运维管理需求。

5.3.2　工作准备

1　竣工 BIM 模型。

2 选定的运维方案。

5.3.3 工作内容

1 依据选定的运维方案制定运维 BIM 模型优化方案。

2 根据运维平台的相关要求和运维 BIM 模型优化方案对竣工 BIM 模型进行处理优化，并生成运维 BIM 模型。

3 将运维 BIM 模型上传至运维平台，并校核该运维 BIM 模型是否满足使用需求。

4 若运维 BIM 模型无法满足使用需求，则对运维 BIM 模型再次调整后上传、校核，直至满足使用需求。

5.3.4 工作成果

1 运维 BIM 模型。

2 运维 BIM 模型优化方案。

5.4 运营维护管理

5.4.1 空间管理

1 工作目的

基于运维平台可为管理人员提供详细的数字化空间信息，将建筑信息与具体的空间相关信息协同，并进行动态数据信息监控，提高空间利用率。

2 工作准备

1）运维 BIM 模型。

2）运维平台。

3）其他各项相关信息。

3 工作内容

1）利用智能化设备，实时采集建筑空间信息，将相关信息数据集成至运维 BIM 模型中。同时根据其所需要的使用功能进行不断的具体化分析和量化性调整，以满足空间规划需求。

2）依据运维 BIM 模型及所包含的空间规划信息，对于不同空间场景所属的类型以及参数进行归类，并实时采集空间分配变更信息。实现建筑空间的标准化分配，便于运维管理人员查看各类空间信息。

3）实时记录更新建筑空间的租赁类型、状态信息等情况，并在运维平台中将数据关联至模型，实现建筑空间租赁管理信息的可视化，提升租赁管理水平。

4）利用智能化设备，实时采集电梯设备的运行、能耗以及人流和密集情况，并在运维平台中进行数据可视化处理，便于运维管理人员直观、清晰地对电梯设备进行管控。

5.4.2 资产管理

1 工作目的

将运维 BIM 模型与资产管理信息数据相结合，通过数据集成管理，增强资产监管力度，降低资产的闲置浪费，减少和避免资产流失，使业主在资产管理上更加全面规范，从整体上提高业主资产管理水平。

2 工作准备

1）运维 BIM 模型。

2）运维平台。

3）其他各项相关信息。

3 工作内容

1）及时收集整理建筑固定资产的数据信息，应包含资产的新增、修改、退出、转移及维护等信息。

2）将收集整理的数据信息挂接至运维 BIM 模型中，同时对所添加的数据信息进行复核，确保资产管理底层数据的准确性。

3）在运维平台中对资产管理数据进行可视化处理，便于运维管理人员直观、清晰地对建筑固定资产进行有效管控。

5.4.3 运行管理

1 工作目的

基于运维 BIM 模型，对建筑设备的相关数据信息进行集成管理，实现设备信息的快速查询、数据统计等功能，为运维管理人员节省大量时间，提高设备运行管理的效率。

2 工作准备

1）运维 BIM 模型。

2）运维平台。

3）建筑设备基本信息。

4）其他各项相关信息。

3 工作内容

1）依据建筑设备的相关信息，实现建筑智能化系统与运维 BIM 模型的数据对接。

2）若设备因故障维修、更换等情况导致信息变更，应及时更新运维 BIM 模型中的设备数据信息。

3）自动采集智能化设备终端记录的各设备运行数据，应按照相关要求对设备设定安全运行范围，同时将两者数据进行智能分析处理，以直观、清晰的显示方式供运维管理人员实时监测。

5.4.4 维护管理

1 工作目的

依据运维平台的智能化、可视化优势，实现建筑设备的快速精确定位，便捷化调取设备维护管理信息，可以有效提高设备维护管理工作的效率，降低设备维护管理的成本。

2 工作准备

1）运维 BIM 模型。

2）运维平台。

3）设备维护方案。

4）其他各项相关信息。

3 工作内容

1）在进行日常建筑设备运维工作过程中，通过运维平台可以快速查询设备对象的相关数据信息，如设备名称、设备使用说明、设备位置信息等。

2）运维管理人员可根据相关数据信息快速定位需要维护的设

备，完成相关维护工作后，及时在运维平台中更新设备的维护记录、厂商数据、功能数据等信息。

3）设备出现运行故障时，终端实时采集故障运行数据反馈给运维平台，平台在第一时间完成数据分析，并发出设备故障报警，同时将设备运行故障的详细报告发送至运维管理人员的移动端，保证运维管理人员及时进行设备的维修处理。

4）运维管理人员应根据维修情况，在运维平台中及时更新设备的相关数据信息。

5.4.5 应急管理

1 工作目的

利用 BIM 技术的数据集成管理及运维平台的智能化分析决策优势，对应急事件快速响应并提供准确的处理建议，降低因突发事件导致的人员、财产损失。

2 工作准备

1）运维 BIM 模型。

2）运维平台。

3）应急预案文件。

4）其他各项相关信息。

3 工作内容

1）依据应急预案等文件，在运维平台中将相关信息加载至对应的功能模块中，如应急事件种类、易发生部位、应对措施等。

2）依据 BIM 技术的模拟性优势，培养运维管理人员在紧急情况下的应急响应能力，并评估突发事件导致的损失。

3）当应急事件发生时，设备自动识别当前发生的应急事件，并反馈至运维平台。

4）运维平台依据反馈数据，确定事件发生的位置，并自动分析应急事件所属分类，协助相关工作人员作出应急响应。

5）在应急事件处理完成后，应在运维平台中及时更新相关信息，应包含应急事件发生的原因、处理方法、处理结果等。

5.4.6 能源管理

1 工作目的

基于运维 BIM 模型，在运维平台中实时监控能源消耗情况，通过智能分析与处理，实现建筑节能降耗。

2 工作准备

1）运维 BIM 模型。

2）运维平台。

3 工作内容

1）设备终端实时采集能源消耗数据信息，并将其上传至运维平台。

2）根据数据信息，判断能耗漏洞，在运维平台中对能源消耗异常的设备进行精确定位，同时发送能耗分析报告至运维管理人员的移动端。

3）通过智能化分析，实时监控能源变化趋势，预测设备在未来一段时间的能耗情况，自动生成合理化应对建议，并在运维平台以图表等直观的方式显示，便于运维管理人员对建筑设备能耗进行有效管控。

5.5 运维平台维护

5.5.1 工作目的

通过对运维平台的维护，保证运维平台长期、稳定地运行。

5.5.2 工作准备

1 维修和改造情况记录表。

2 建筑空间、资产、设备设施等静态数据记录文件。

3 运维相关的实时动态数据。

5.5.3 工作内容

1 对数据的储存、加密、备份等情况进行定期检查，并生成数据信息检查记录表。

2 依据维修和改造情况记录表，对运维BIM模型进行即时更新。

3 对运维平台中的建筑空间、资产、设备设施等静态数据进行变更维护和管理。

4 对运维过程中采集的实时动态数据进行维护和管理。

5.5.4 工作成果

1 数据信息检查记录表。

2 更新后的运维BIM模型。

3 维护后的静态和动态数据信息。

第6章 设计阶段BIM成果交付

6.1 基本规定

6.1.1 利用BIM模型进行设计交付，应能满足国家、地区和行业标准的相关规定。

6.1.2 BIM模型交付按照交付主体，可划分为内部交付、外部交付和其他交付。

1 内部交付。主要指设计单位内部之间的协同交付行为。交付物包括提交下游阶段所需的模型数据和条件图纸及说明书，以及专业内校审模型和相应的图纸等。

2 外部交付。主要指设计单位向建设单位的协同交付行为。交付物包括依据签订的设计合同或专项约定的要求提交的设计信息模型和设计图纸及说明书等。

3 其他交付。主要指建设单位向政府部门的交付行为。交付物包括按照当地政府职能部门的管理规定要求所交付的用于审查、备案、报建等目的的设计信息模型和设计图纸及说明书等。

6.1.3 BIM模型应具有唯一性、结构性、真实性、拓展性、开放性等特点。

1 唯一性。每个项目、构件应有唯一对应的构件名称。如两个完全相同构件分处不同的坐标，也应拥有独立的构件名称。

2 结构性。构件信息应依据一定的逻辑关系相互关联。如钢筋构件除了包括本身材质、重量、长度等信息以外，向上还应包括其所附的父构件梁柱的编码，向下应可兼容钢筋接头等子构件信息编码。

3 真实性。构件信息所引用模型以外的数据信息应当真实，有据可依，有例可查。如某构件引用的制造商信息，其在施工阶段必须是真实存在的。

4　拓展性。BIM模型应允许信息的增加和完善，便于实现对构件不同阶段、不同精细度的表达。

5　开放性。BIM模型本身应包含对自身数据的解释。作为交换用的BIM模型的电子文件，其数据的查询、提取、解释不应依赖特定的私有版权软件和文档。

6.1.4　在项目设计阶段，交付方应制定符合项目需求的BIM模型说明书，BIM模型说明书内容应符合《建筑信息模型设计交付标准》GB/T 51301－2018的相关要求。

6.1.5　对于同一项目BIM模型的设计交付，应采用统一的数据格式。为保证BIM模型在项目交付和信息传递中，保持数据的易用性和可读性，应采用基于同一编码体系的数据格式。

6.2　建模原则

6.2.1　模型压缩

1　在保留BIM模型唯一性、结构性、真实性、拓展性、开放性等特点的前提下，可以对重复信息进行压缩。

2　对于有参照构件的相同构件，可只保留唯一信息编码、定位、数量、参数化信息和引用链接等。

3　引用链接可以是参考的规范、图集，包含规范名称、版本、页码，也可以是产品目录。

4　各阶段BIM模型在提交下一阶段前，应采取必要措施减少超出使用需求的冗余信息，提高信息传递的高效性和易读性。

6.2.2　命名规则

1　同一项目中，各阶段BIM模型相同构件的类型、名称等应保持一致。

2　BIM模型构件的类型、名称等，应同时具有唯一信息编码，中文、英文、英文简写对照表，且该对照表可作为BIM模型的自解释文档。

3　BIM模型的分类对象、参数、文件及文件夹的命名应符合

《建筑信息模型设计交付标准》GB/T 51301—2018 和《建筑工程设计信息模型分类和编码》GB/T 51269—2017 的规定。

6.2.3 文件夹架构

1 设计 BIM 模型及其交付物应使用统一的文件夹架构，架构宜易于识别、检索。

2 文件夹架构宜采用两级目录，一级、二级文件夹命名应符合下列规定：

1）一级文件夹命名宜使用汉字、拼音或英文字符，字符中应体现建筑项目名称，项目名称不应使用简化名称。

2）二级文件夹命名宜使用数字、汉字、拼音或英文字符、连字符“-”，字符中应体现交付物特征。

3 文件夹架构格式应符合表 6-1 的规定：

文件夹架构格式 **表 6-1**

文件夹级别	名称类型
一级文件夹	建筑项目名称
二级文件夹	数字-成果类型名称

1）建筑项目名称：建筑项目名称应是建筑设计图纸中项目名称，由建设方确定。

2）数字：用于区分二级文件夹的排列顺序。

3）成果类型名称：用于区分不同交付物的类型名称，如交付物包括某工艺演示视频，成果类型名称可命名为“视频文件”。

6.2.4 成果文件命名

1 设计 BIM 模型及其交付物命名应符合下列规定：

1）设计 BIM 模型命名应由项目代码、专业代码、类型、日期、连字符“-”组成。

2）命名宜使用数字、汉字、拼音或英文字符。

2 设计 BIM 模型及其交付物命名格式应符合表 6-2 的规定：

建筑设计信息模型及其交付物命名格式　　表6-2

项目代码	-	专业代码	-	类型	-	编号	-	日期
××××	-	A	-	设计模型	-	01	-	20210404

1）项目代码：由建设方确定的项目代码，可以用来识别项目类型，宜为英文字符，不超过4个字母。

2）专业代码：应符合现行国家标准《建筑信息模型设计交付标准》GB/T 51301—2018相关规定，见表6-3。

3）类型：用来描述不同类型的成果交付物，如设计模型、二层平面图纸、消防疏散等。

4）编号：宜用数字表示，如01、12，用于描述同一成果的版本序号。

5）日期：按年月日表示，如20210401，用来描述模型交付时间。

专业代码对照表　　表6-3

专业（中文）	专业（英文）	专业代码（中文）	专业代码（英文）
规划	planning	规	P
建筑	architecture	建	A
景观	landscape architecture	景	LA
室内装饰	interior design	室内	ID
结构	structural engineering	结	S
给水排水	plumbing engineering	水	PE
暖通	heating, ventilation, and air-conditioning engineering	暖	HVAC
强电	electrical engineering	强电	QE
弱电	electronics engineering	弱电	RE
绿色节能	green building	绿建	G
环境工程	environment engineering	环	EE
勘测	surveying	勘	SU
市政	civil engineering	市政	C
经济	construction economics	经	CE
管理	construction management	管	CM

续表

专业（中文）	专业（英文）	专业代码（中文）	专业代码（英文）
采购	procurement	采购	PC
招投标	bidding	招投标	B
产品	product	产品	PD

6.2.5 构件命名原则

1 构件命名应满足易识别性、可操作性。

2 构件命名应能方便快捷提取不同类型构件工程量、便捷反映构件所属区域。

3 构件命名可使用数字、汉字、拼音、英文和连接符组成，字符宜简短并应具有唯一性、可识别性。

4 建筑工程全生命期内，同一对象命名应保持前后一致。

5 构件命名原则应同时满足国家、行业和地方现行相关标准的规定。

6.2.6 构件颜色分类

1 构件颜色分类应满足唯一性、可识别性。

2 构件颜色分类应采用 RGB 值确定。

3 建筑工程全生命期内，构件颜色分类应使用同一标准。

4 构件颜色分类原则应同时满足国家、行业和地方现行相关标准的规定。

6.2.7 模型精度要求

1 建筑工程方案设计阶段、初步设计阶段、施工图设计阶段 BIM 模型构件精细度不同，由粗到细。

2 设计 BIM 模型精细度应符合表 6-4 的规定。

模型精细度划分 **表 6-4**

阶段	阶段代码	建模精细度	阶段用途
勘察/概念化设计	SC	LOD100	项目可行性研究 项目用地许可

续表

阶段	阶段代码	建模精细度	阶段用途
方案设计	SD	LOD200	项目规划评审报批 建筑方案评审报批 设计概算
初步设计/施工图设计	DD/CD	LOD300	专项评审报批 节能初步评估 建筑造价估算 建筑工程施工许可 施工准备 施工图招标控制价 投标进度模型

3 LOD100精细度宜符合表6-5的规定。

LOD100精细度要求 **表6-5**

对象信息	建模精度要求
现状场地	等高距宜为5m
设计场地	等高距宜为5m，应在剖切视图中观察到与现状场地的填挖关系
现状建筑	宜以体量化图元表示，建模几何精度宜为10m
新（改）建建筑	宜以体量化图元表示，建模几何精度宜为3m
其他	可以二维图形表达

4 LOD200精细度宜符合表6-6的规定。

LOD200精细度要求 **表6-6**

对象信息	建模要求
现状场地	(1) 等高距宜为1m。 (2) 若项目周边现状场地中有地铁车站、变电站、水处理厂等基础设施时，宜采用简单几何形体表达，且宜输入设施使用性质、性能、污染等级、噪声等级等对于项目设计产生的影响、周边的城市公共交通系统的综合利用等非几何信息。 (3) 除非可视化需要，场地及其周边的水体等景观可以二维区域表达。 (4) 水文地质条件等非几何信息

续表

对象信息	建模要求
设计场地	(1) 等高距宜为 1m。 (2) 应在剖切视图中观察到与现状场地的填挖关系
道路	道路定位、标高、横坡、纵坡、横断面设计相关内容，可以二维区域表达
墙体	(1) 在“类型”属性中区分外墙和内墙。 (2) 外墙定位基线应与墙体核心层外表面重合，如有保温层，应与保温层外表面重合。 (3) 内墙定位基线宜与墙体核心层中心线重合。 (4) 如外墙跨越多个自然层，宜按单个墙体建模。 (5) 除了竖向交通围合墙体，内墙不宜穿越楼板建模。 (6) 外墙外表皮应被赋予正确的材质
幕墙系统	支撑体系和安装构件可不表达，应对嵌板体系建模，并按照设计意图分划
楼板	除非设计要求，无坡度楼板顶面与设计标高应重合。有坡度楼板根据设计意图建模
屋面	(1) 平屋面建模可不考虑屋面坡度，且结构构造层顶面与屋面标高线宜重合。 (2) 坡屋面与异形屋面应按设计形状和坡度建模，主要结构支座顶标高与屋面标高线宜重合
地面	(1) 当以楼板或通用形体建模替代时，应在“类型”属性中注明“地面”。 (2) 地面完成面与地面标高线宜重合
门窗	(1) 门窗可使用精细度较高的模型。 (2) 如无特定需求，窗可以幕墙系统替代，但应在“类型”属性中注明“窗”
柱子	(1) 非承重柱子应归类于“建筑柱”，承重柱子应归类于“结构柱”，应该在“类型”属性中注明。 (2) 除非有特定要求，柱子不宜按照施工工法分层建模。 (3) 柱子截面应为柱子外廓尺寸，建模几何精度可为 100mm
楼梯	楼梯栏杆扶手可简化表达
垂直交通设备	如无可视化需求，可以二维表达，但应输入足够的非几何信息

续表

对象信息	建模要求
坡道	宜简化表达，当以楼板或通用形体建模替代时，应在“类型”属性中注明“坡道”
栏杆或栏板	可简化表达
空间或房间	(1) 空间或房间高度的设定应遵守现行法规和规范。 (2) 空间或房间的标注宜为建筑面积，当确有需要标注为使用面积时，应在“类型”属性中注明“使用面积”。 (3) 空间或房间的面积，应为模型信息提取值，不得人工更改
家具	如无可视化需求，可以二维表达，但应输入足够的非几何信息
其他	(1) 其他建筑构配件可按照需求建模，建模几何精度可为100mm。 (2) 建筑设备可以简单几何形体替代，但应表示出最大占位尺寸

5　LOD300精细度宜符合表6-7的规定。

LOD300精细度要求　　**表6-7**

对象信息	精细度要求
现状场地	(1) 等高距应为1m。 (2) 若项目周边现状场地中有铁路、地铁、变电站、水处理厂等基础设施时，宜采用简单几何形体表达，但应输入设施使用性质、性能、污染等级、噪声等级等对于项目设计产生影响的非几何信息。 (3) 除非可视化需要，场地及其周边的水体、绿地等景观可以二维区域表达
设计场地	(1) 等高距应为1m。 (2) 应在剖切视图中观察到与现状场地的填挖关系。 (3) 项目设计的水体、绿化等景观设施应建模，建模几何精度应为300mm
道路及市政	(1) 建模道路及路缘石。 (2) 建模现状必要的市政工程管线，建模几何精度应为100mm
墙体	(1) 在“类型”属性中区分外墙和内墙。 (2) 墙体核心层和其他构造层可按独立墙体类型分别建模。 (3) 外墙定位基线应与墙体核心层外表面重合，无核心层的外墙体，定位基线应与墙体内表面重合，有保温层的外墙体定位基线应与保温层外表面重合。

续表

对象信息	精细度要求
墙体	(4) 内墙定位基线宜与墙体核心层中心线重合，无核心层的外墙体，定位基线应与墙体内表面重合。 (5) 在属性中区分“承重墙”“非承重墙”“剪力墙”等功能，承重墙和剪力墙应归类于结构构件。 (6) 属性信息应区分剪力墙、框架填充墙、管道井壁等。 (7) 如外墙跨越多个自然层，墙体核心层应分层建模，饰面层可跨层建模。 (8) 除剪力墙外，内墙不应穿越楼板建模，核心层应与接触的楼板、柱等构件的核心层相衔接，饰面层应与接触的楼板、柱等构件的饰面层相对应。 (9) 墙体构造层独立建模。 (10) 必要的非几何信息，如防火、隔声性能、面层材质做法等
幕墙系统	(1) 幕墙系统应按照最大轮廓建模为单一幕墙，不应在标高，房间分隔等处断开。 (2) 幕墙系统嵌板分隔应符合设计意图。 (3) 内嵌的门窗应明确表示，并输入相应的非几何信息。 (4) 幕墙竖挺和横撑断面建模几何精度应为 5mm。 (5) 必要的非几何属性信息如各构造层、规格、材质、物理性能参数等
楼板	(1) 应输入楼板各构造层的信息，构造层厚度不小于 5mm 时，应按照实际厚度建模。 (2) 楼板的核心层和其他构造层可按独立楼板类型分别建模。 (3) 主要的无坡度楼板建筑完成面应与标高线重合。 (4) 必要的非几何属性信息，如特定区域的防水、防火等性能
屋面	(1) 应输入屋面各构造层的信息，构造层厚度不小于 3mm 时，应按照实际厚度建模。 (2) 楼板的核心层和其他构造层可按独立楼板类型分别建模。 (3) 平屋面建模应考虑屋面坡度。 (4) 坡屋面与异形屋面应按设计形状和坡度建模，主要结构支座顶标高与屋面标高线宜重合。 (5) 必要的非几何属性信息，如防水保温性能等
地面	(1) 地面可用楼板或通用形体建模替代，但应在“类型”属性中注明“地面”。 (2) 地面完成面与地面标高线宜重合。 (3) 必要的非几何属性信息，如特定区域的防水、防火等性能

续表

对象信息	精细度要求
门窗	（1）门窗建模几何精度应为5mm。 （2）门窗可使用精细度较高的模型。 （3）应输入外门、外窗、内门、内窗、天窗、各级防火门、各级防火窗、百叶门窗等非几何信息
柱子	（1）非承重柱子应归类于“建筑柱”，承重柱子应归类于“结构柱”，应在“类型”属性中注明。 （2）柱子宜按照施工工法分层建模。 （3）柱子截面应为柱子外廓尺寸，建模几何精度宜为10mm。 （4）外露钢结构柱的防火防腐等性能
楼梯或坡道	（1）楼梯或坡道应建模，并应输入构造层次信息。 （2）平台板可用楼板替代，但应在“类型”属性中注明“楼梯平台板”
垂直交通设备	（1）建模几何精度为50mm。 （2）可采用生产商提供的成品信息模型，但不应指定生产商。 （3）必要的非几何属性信息，包括梯速，扶梯角度，电梯轿厢规格、特定使用功能、联控方式、面板安装、设备安装等方式
栏杆或栏板	应建模并输入几何信息和非几何信息，建模几何精度宜为20mm
空间或房间	（1）空间或房间高度的设定应遵守现行法规和规范。 （2）空间或房间的标注宜为建筑面积，当确有需要标注为使用面积时，应在“类型”属性中注明“使用面积”。 （3）空间或房间的面积，应为模型信息提取值，不得人工更改
梁	（1）应按照需求输入梁系统的几何信息和非几何信息，建模几何精度宜为50mm。 （2）外露钢结构梁的防火防腐等性能
给水排水系统	（1）设备、金属槽盒等应具有空间占位尺寸、定位等几何信息。设计阶段可采用生产商提供的成品信息模型（应为通用型产品尺寸）。 （2）预留洞口应具有洞口、离地高度、位置、尺寸等几何信息。 （3）中小型设备等还应具有规格、型号、材质、安装或敷设方式等非几何信息，大型设备还应具有相应的荷载信息。 （4）管道附件应具有尺寸、位置等信息
强电系统	（1）设备、金属槽盒等应具有空间占位尺寸、定位等几何信息。设计阶段可采用生产商提供的成品信息模型（应为通用型产品尺寸）。

续表

对象信息	精细度要求
强电系统	(2) 影响结构构件承载力或钢筋配置的管线、孔洞等应具有位置、尺寸等几何信息。 (3) 设备、金属槽盒等应具有规格、型号、材质、安装或敷设方式等非几何信息，大型设备还应具有相应的荷载信息
智能化弱电系统	(1) 应按照专业需求输入全部设备（如冷水机组、水泵、空调机组等）的外形控制尺寸和安装控制间距等几何信息及非几何信息，输入全部管线的空间占位控制尺寸和主要空间分布。 (2) 影响结构的各种竖向管井的占位尺寸。 (3) 影响结构的各种孔洞位置和尺寸
暖通空调系统	(1) 应按照专业需求输入全部设备的外形控制尺寸和安装控制间距等几何信息及非几何信息，输入管道的空间占位控制尺寸和主要空间分布信息。 (2) 影响结构的各种竖向管井的占位尺寸。 (3) 影响结构的各种孔洞
家具	(1) 建模几何精度 50mm。 (2) 按要求输入生产商提供的成品信息
其他	(1) 其他建筑构配件可按照需求建模，建模几何精度可为 100mm。 (2) 建筑设备可以简单几何形体替代，但应表示出最大占位尺寸

6.2.8 模型信息录入

1 建筑工程信息包括建筑信息、结构信息、给水排水系统信息、暖通系统信息、电气系统信息、智能化系统信息等。

2 建筑设计阶段，为便于对信息深度分类，引入“信息粒度”一词，信息粒度等级分为 N1、N2、N3，信息粒度宜符合建模精细度等级的规定，不同建模精度的信息粒度等级对应表 6-8。

建模精度与信息粒度对照表 **表 6-8**

阶段	建模精细度等级	信息粒度等级
勘察/概念设计	LOD100	N1
方案设计	LOD200	N2
初步设计/施工图设计	LOD300	N3

3 不同信息粒度信息类型应符合表 6-9 的规定。

信息粒度信息类型对照表 **表 6-9**

信息粒度等级	信息类型
N1	项目名称、建设地点、建设指标、建设阶段、业主信息、建筑信息模型交付方等
N2	项目名称、建设地点、建设指标、建设阶段、业主信息、建筑信息模型交付方、其他建设参与方信息、空间信息、地理位置、行政区划、投资成本、形状等
N3	项目名称、建设地点、建设指标、建设阶段、业主信息、建筑信息模型交付方、其他建设参与方信息、空间信息、地理位置、行政区划、投资成本、形状、建筑类别、数量属性、一维尺寸、二维尺寸、空间尺寸、结构荷载、材料属性、强度属性、燃烧属性、密封属性、给水排水属性、暖通属性、电气属性、智能化属性等

6.3 应 用 内 容

6.3.1 一般规定

在设计 BIM 模型交付应用中，设计单位应在设计过程中进行模型的搭建与完善，并开展各项 BIM 应用。

6.3.2 BIM 应用

1 方案设计阶段 BIM 应用内容。

1）建筑体量分析具体内容应符合表 6-10 的规定。

建筑体量分析应用内容一览表 **表 6-10**

应用点	应用内容	应用说明
建筑体量分析	日照分析	通过对楼宇采光日照进行分析，针对日照时长，对建筑户型、单体建筑方位角进行优化。通过对周围已建建筑进行日照准确分析，确保建筑间的有效距离和日照采光时间符合规范要求

续表

应用点	应用内容	应用说明
建筑体量分析	遮阳分析	通过遮阳分析进行合理的遮阳设计，在不影响其使用功能的同时，减少太阳光对于建筑主体的直接照射，降低建筑的能耗，提升室内居住舒适度
	风环境分析	参照国际通用热舒适性评价方法，对风速、风压等进行分析，最终得出室内气流动态信息，进一步提高建筑自然通风率，改善空气质量
	外形演化	基于方案设计阶段 BIM 模型，明确展现建筑外观不同阶段的演变过程，同时需体现设计意图

2）交通流线分析具体内容应符合表 6-11 的规定。

交通流线分析应用内容一览表　　表 6-11

应用点	应用内容	应用说明
交通流线分析	交通流线分析	首先对交通流线进行分析，再对室内交通流线、室外交通流线，消防路线进行设计，解决交通流线问题，规范人流、车辆的通行，使建筑物的布设科学合理

3）建筑立面分析具体内容应符合表 6-12 的规定。

建筑立面分析应用内容一览表　　表 6-12

应用点	应用内容	应用说明
建筑立面分析	建筑立面分析	通过使用建筑立面分析软件对辐射、遮挡与视线等进行分析，根据分析报告进行合理的建筑立面设计，在满足建筑使用功能和相关规范要求的前提下，降低建筑的能耗，提升室内居住舒适度

4）建筑空间分析具体内容应符合表 6-13 的规定。

建筑空间分析应用内容一览表　　表 6-13

应用点	应用内容	应用说明
建筑空间分析	建筑空间分析	通过对平面功能分区与建筑物功能分区进行分析，将整个建筑空间分成多个小的空间，再将这些小的空间进行处理，使得空间形式具有美观性和实用性，并在功能上满足需求

2 初步设计阶段BIM应用内容。

1）虚拟仿真漫游具体内容应符合表6-14的规定。

虚拟仿真漫游应用内容一览表　　表6-14

应用点	应用内容	应用说明
虚拟仿真漫游	虚拟仿真漫游	使用虚拟仿真漫游软件，对现有设计阶段的设计成果进行展示，以便直观体现设计意图

2）面积明细表统计具体内容应符合表6-15的规定。

面积明细表统计应用内容一览表　　表6-15

应用点	应用内容	应用说明
面积明细表统计	面积明细表统计	通过相关软件统计分析主要功能区域、各个功能区和全楼层不同功能区的面积情况，针对分析情况对各功能区的面积统筹规划，满足使用需求

3）设计方案比选具体内容应符合表6-16的规定。

设计方案比选应用内容一览表　　表6-16

应用点	应用内容	应用说明
设计方案比选	设计方案比选	针对多个设计方案BIM模型，充分运用三维模型的可视化优势，实现建设项目设计方案决策的直观性、高效性。经过各方沟通、讨论、比选，以便确定最佳的设计方案

4）竖向净空分析具体内容应符合表6-17的规定。

竖向净空分析应用内容一览表　　表6-17

应用点	应用内容	应用说明
竖向净空分析	竖向净空分析	对建筑内部竖向设计空间进行检测分析，对空间狭小、管线密集或净高要求高的区域进行净空分析，提前发现不满足净空功能要求和美观需求的部位，并进行处理，避免后期因设计不合理导致的返工

5）建筑性能模拟具体内容应符合表 6-18 的规定。

建筑性能模拟应用内容一览表　　表 6-18

应用点	应用内容	应用说明
建筑性能模拟	建筑性能模拟	利用专业的性能分析软件对建筑物的可视度、采光、通风、人员疏散辐射、节能减排等建筑性能进行专项分析，提高项目的质量、安全和舒适度

6）建筑空间分析具体内容应符合表 6-19 的规定。

建筑空间分析应用内容一览表　　表 6-19

应用点	应用内容	应用说明
建筑空间分析	建筑空间分析	通过现有 BIM 模型对平面布局进行分析，将建筑元素高效地融合在一起，通过空间形状与比例的调整、均衡平面布局和营造视觉中心等，使这些建筑元素成为设计的一部分

3　施工图设计阶段 BIM 应用内容。

1）虚拟仿真漫游具体内容应符合表 6-20 的规定。

虚拟仿真漫游应用内容一览表　　表 6-20

应用点	应用内容	应用说明
虚拟仿真漫游	室外漫游	使用视频渲染软件进行渲染，为体现设计师的意图，将拟建建筑物的建筑立面、总体场景、景观道路、城市街景与周边建筑环境体现出来，更好地优化总体建筑外观的各个方面
	室内漫游	使用视频渲染软件对 BIM 模型进行渲染，为体现设计师的意图，将拟建建筑物内部精细化展示，更好地优化建筑内部的装饰效果与复杂的建筑节点

2）竖向净空优化具体内容应符合表 6-21 的规定。

竖向净空优化应用内容一览表　　表 6-21

应用点	应用内容	应用说明
竖向净空优化	碰撞检查	基于施工图设计阶段 BIM 模型，对各专业之间与专业内部的构件进行碰撞分析，再依据碰撞分析，优化管线布置，提升空间使用率，提高施工图设计质量

续表

应用点	应用内容	应用说明
竖向净空优化	净空分析	基于已优化管线布置的BIM模型，将需要净空优化的重点位置，如走廊、地下室等在满足建筑使用功能和相关规范要求的前提下，优化建筑结构布置以及管线排布方案，最大化地提升净空高度

3）二维制图表达具体内容应符合表6-22的规定。

二维制图表达应用内容一览表　　　　表6-22

应用点	应用内容	应用说明
二维制图表达	二维制图表达	对三维模型进行优化处理后，在已有BIM模型的基础上完善专业信息注释，并针对复杂节点出具节点大样详图等，减少二维设计的平、立、剖之间的不一致问题，提高出图效率

6.3.3　工作成果

1　方案设计阶段的BIM交付物的内容应符合表6-23的规定。

方案设计阶段的BIM交付物内容一览表　　　　表6-23

应用点	应用成果
建筑体量分析	（1）日照情况分析报告。 （2）8个小时最不利点日照情况分析报告。 （3）遮阳情况分析报告。 （4）遮阳前后的太阳直射对比情况分析报告。 （5）风环境情况分析报告。 （6）建筑间风速变化情况分析报告。 （7）能够体现设计意图建筑外形演化情况。 （8）分别提出日照分析、遮阳分析和风环境分析合理的可行性建议
交通流线分析	（1）周边流线情况分析报告。 （2）出入口处流线情况分析报告。 （3）建筑范围内的流线情况分析报告。

续表

应用点	应用成果
交通流线分析	(4) 出入口处流线情况分析报告。 (5) 建筑场地内的消防路线情况分析报告。 (6) 消防路线的通畅和合理性分析报告。 (7) 对周边机动车及人流分析、场地机动车及人流分析和消防路线分析提供改进方案
建筑立面分析	(1) 辐射情况分析报告。 (2) 建筑立面的辐射分布情况。 (3) 遮挡情况分析报告。 (4) 周边建筑的遮挡情况。 (5) 视线情况分析报告。 (6) 对辐射分析、遮挡分析和视线分析提供改进方案
建筑空间分析	(1) 平面功能分区情况。 (2) 建筑未来的运营流程。 (3) 满足用户需求的整体功能分区
方案设计 BIM 模型	(1) 经建筑分析及方案优化后的方案设计 BIM 模型。 (2) 用于多方案比选的各方案设计 BIM 模型

2 初步设计阶段的 BIM 交付物的内容应符合表 6-24 的规定。

初步设计阶段的 BIM 交付物内容一览表　　　表 6-24

工作成果	成果内容
虚拟仿真漫游	(1) 动画制作原始文件。 (2) 建筑漫游动画
面积明细表统计	(1) BIM 模型，包含建筑面积、房间面积等信息。 (2) 面积明细表及各项面积指标报告
设计方案比选	(1) 方案比选报告，报告中应包含多个设计方案的比选指标数据信息及结论。 (2) 最优设计方案及 BIM 模型。 (3) 备选设计方案及 BIM 模型
竖向净空分析	(1) 净高分析报告。 (2) 进行净高优化后的 BIM 模型

续表

工作成果	成果内容
建筑性能模拟	(1) 日照分析。 (2) 辐射分析。 (3) 性能模拟分析
建筑空间分析	(1) 建筑空间分析报告。 (2) 平面布局改进方案
初步设计BIM模型	各专业初步设计阶段BIM模型
二维制图表达	基于初步设计BIM模型生成的平、立、剖面图及各节点详图

3 施工图设计阶段的BIM交付物的内容应符合表6-25的规定。

施工图设计阶段的BIM交付物内容一览表　　表6-25

工作成果	成果内容
虚拟仿真漫游	(1) 动画制作原始文件。 (2) 建筑室内漫游动画。 (3) 建筑室外漫游动画
竖向净空优化	(1) 碰撞检查报告。 (2) 进行碰撞检查后的管线优化BIM模型。 (3) 净高分析报告。 (4) 进行净高优化后的BIM模型
施工图设计BIM模型	各专业施工图设计阶段BIM模型
二维制图表达	基于施工图设计BIM模型生成的平、立、剖面图及各节点详图

6.4 交付规定

6.4.1 一般规定

1 设计BIM模型及相关应用成果的交付应按合同约定进行。

2 设计交付协同过程中，应根据项目需求文件，包括基本建设程序、合同约定、项目需求书、BIM 模型执行计划等要求选取模型交付深度和交付成果，项目各参与方应基于协调一致的设计 BIM 模型协同工作。

3 交付成果应包括设计 BIM 模型、模型成果交付说明、属性信息表等。交付成果应使用通用交换格式发送给接收方，保证接收方能够完整查看、提取、使用项目信息数据。

1）设计 BIM 模型及交付成果交付方应保障所有文件链接、信息链接的有效性。

2）设计 BIM 模型数据传递应基于统一的数据格式（.IFC），保障数据的完整性、有效性。

3）交付成果报告应使用（.PDF）格式，视频使用（.MP4）格式，图纸使用（.DWG）格式。

4 交付人应当按照规定整理合同要求的交付物，并进行自检。

5 设计 BIM 模型交付的深度应符合项目需求书、BIM 模型执行计划中对于模型单元的深度要求。

6 交付成果宜集中管理并设置数据访问权限，不宜采用移动介质或其他方式分发交付。

7 交付成果宜由专人发出，被交付方宜安排专人接收交。被交付方在验收 BIM 模型时，应检查下列内容：

1）BIM 模型与工程项目的符合性检查。

2）不同模型单元之间的相互关系检查。

3）模型几何精度与规定的符合性检查。

4）模型信息的准确性和完整性检查。

5）被交付方应根据项目需求文件，验收交付成果，不符合要求的，可以要求交付方重新提交。

6）设计 BIM 模型的修改应由交付方完成，并应将修改信息提供给被交付方。

7）交付验收流程宜符合图 6-1 的规定。

8 被交付方在使用 BIM 模型时，应识别和复核下列信息：

1）模型单元的系统类别及其编码。

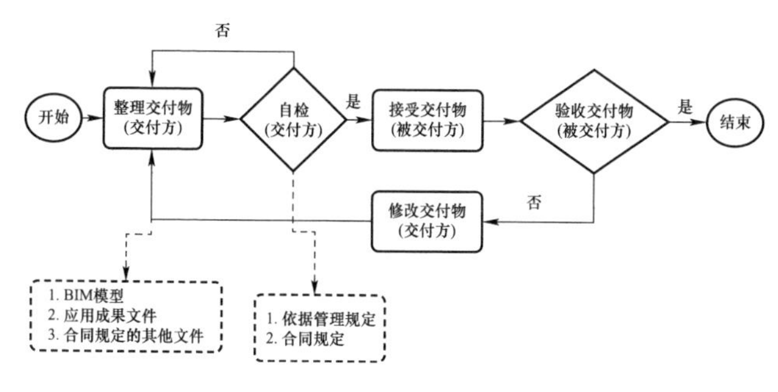

图6-1　交付验收工作流程图

2）模型单元属性的分类、名称及其编码。

3）模型单元的属性值。

4）模型单元属性值的计量单位。

5）模型单元属性值的数据来源。

9　交付人应对发出交付物进行记录留档，接收人应对接收的交付物记录留档。

10　被交付方宜结合BIM应用阶段目标及最终目标，对BIM应用效果进行定性或定量评价，并总结实施经验，提出改进措施。

6.4.2　交付时间

1　建筑项目合同双方可以通过协商确定交付时间，交付时间应写进合同文件中。

2　交付成果应按照项目设计合同约定时间交付于被交付方。

3　如果交付方不能按时交付成果，应当提前7天与被交付方协商。

6.4.3　交付流程

交付流程宜符合图6-2的规定。

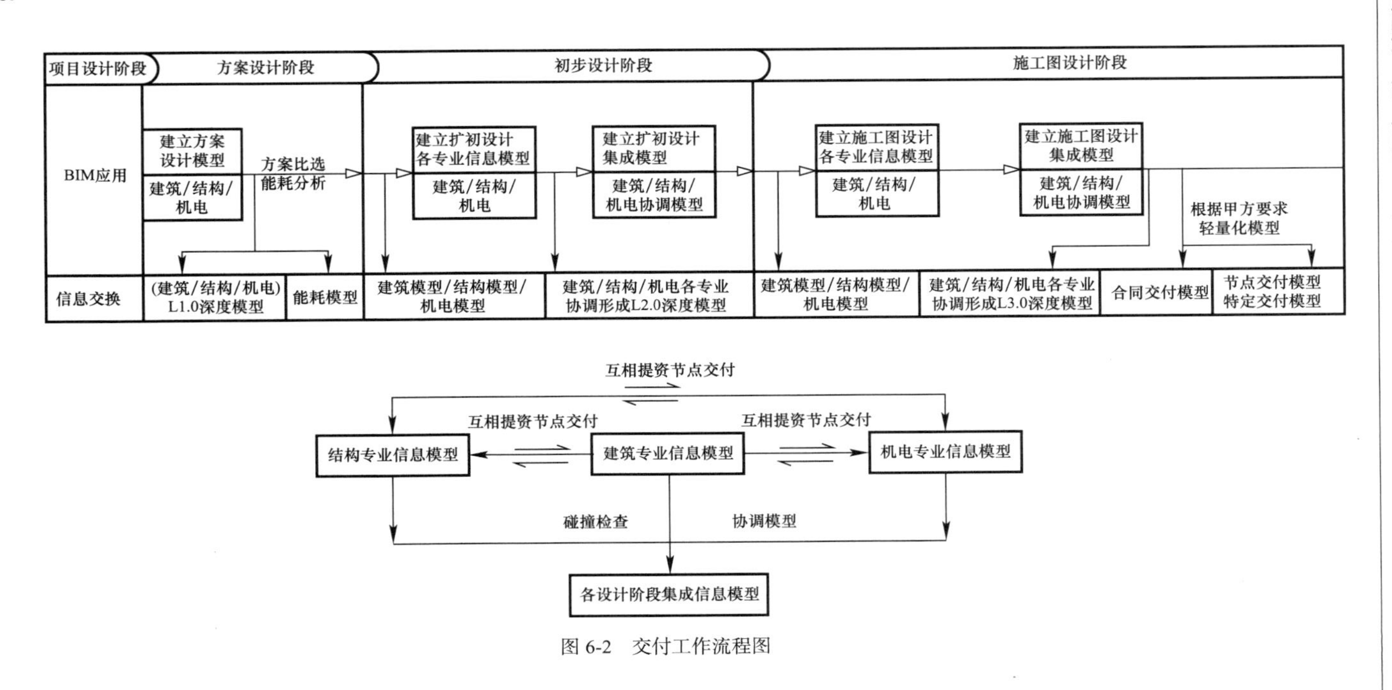

项目设计阶段
方案设计阶段
初步设计阶段
施工图设计阶段
BIM应用
建立方案设计模型
建筑/结构/机电
方案比选
能耗分析
建立扩初设计各专业信息模型
建筑/结构/机电
建立扩初设计集成模型
建筑/结构/机电协调模型
建立施工图设计各专业信息模型
建筑/结构/机电
建立施工图设计集成模型
建筑/结构/机电协调模型
根据甲方要求轻量化模型
信息交换
(建筑/结构/机电)L1.0深度模型
能耗模型
建筑模型/结构模型/机电模型
建筑/结构/机电各专业协调形成L2.0深度模型
建筑模型/结构模型/机电模型
建筑/结构/机电各专业协调形成L3.0深度模型
合同交付模型
节点交付模型
特定交付模型
互相提资节点交付
互相提资节点交付
互相提资节点交付
结构专业信息模型
建筑专业信息模型
机电专业信息模型
碰撞检查
协调模型
各设计阶段集成信息模型

图 6-2 交付工作流程图

第7章 竣工阶段BIM成果交付

7.1 基本规定

7.1.1 利用BIM模型进行竣工交付，应能满足国家、地区和行业标准的相关规定。

7.1.2 BIM模型交付按照交付主体，可划分为内部交付、外部交付和其他交付。

1 内部交付。主要指施工单位内部之间的协同交付行为。交付物包括提交下游阶段所需的模型数据和条件图纸及说明书，以及专业内校审模型和相应的图纸等。

2 外部交付。主要指施工单位向建设单位的协同交付行为。交付物包括依据签订的合同或专项约定的要求提交的竣工信息模型和设计图纸及说明书等。

3 其他交付。主要指建设单位向政府部门的交付行为。交付物包括按照当地政府职能部门的管理规定要求所交付的用于审查、备案、报建等目的的竣工信息模型和设计图纸及说明书等。

7.1.3 BIM模型应具有唯一性、结构性、真实性、拓展性、开放性等特点。

1 唯一性。每个项目、构件应有唯一对应的构件名称。如两个完全相同构件分处不同的坐标，也应拥有独立的构件名称。

2 结构性。构件信息应依据一定的逻辑关系相互关联。如钢筋构件除了包括本身材质、重量、长度等信息以外，向上还应包括其所附的父构件梁柱的信息编码，向下应可兼容钢筋接头等子构件信息编码。

3 真实性。构件信息所引用模型以外的数据信息应当真实，有据可依，有例可查。如某构件引用的制造商信息，其在施工阶段必须是真实存在的。

4 拓展性。BIM 模型应允许信息的增加和完善，便于实现对构件不同阶段、不同精细度的表达。

5 开放性。BIM 模型本身应包含对自身数据的解释。作为交换用的 BIM 模型的电子文件，其数据的查询、提取、解释不应依赖特定的私有版权软件和文档。

7.1.4 在项目全生命期的各阶段，交付方应制定符合项目需求的 BIM 模型说明书，BIM 模型说明书内容应符合项目需求书。

7.1.5 为保证 BIM 模型在项目交付和信息传递中，保持数据的易用性和可读性，竣工 BIM 模型数据分类和信息编码应按照现行国家标准《建筑信息模型分类和编码标准》GB 51269—2017 执行。

7.2 交付标准

7.2.1 模型压缩

1 在保留 BIM 模型唯一性、结构性、真实性、拓展性、开放性等特点的前提下，可以对重复信息进行压缩。

2 对于有参照构件的相同构件，可只保留唯一信息编码、定位、数量、参数化信息和引用链接等。

3 引用链接可以是参考的规范、图集，包含规范名称、版本、页码，也可以是产品目录。

4 BIM 模型在交付前，应采取必要措施减少超出使用需求的冗余信息，提高信息传递的高效性和易读性。

7.2.2 命名规则

1 同一项目中，各阶段 BIM 模型相同构件的类型、名称等应保持一致。

2 BIM 模型构件的类型、名称等，应同时具有唯一信息编码、中文、英文、英文简写对照表，且该对照表可作为 BIM 模型的自解释文档。

3 BIM 模型的分类对象、参数、文件及文件夹的命名应符合相关规定。

7.2.3　文件夹架构

1　竣工BIM模型及其交付物应使用统一的文件夹架构，架构宜易于识别、检索。

2　文件夹架构宜采用两级目录，一级、二级文件夹命名应符合下列规定：

1）一级文件夹命名宜使用汉字、拼音或英文字符，字符中应体现建筑项目名称，项目名称不应使用简化名称。

2）二级文件夹命名宜使用数字、汉字、拼音或英文字符、连字符“-”，字符中应体现交付物特征。

3　文件夹架构格式应符合表7-1的规定：

文件夹架构格式　　表7-1

文件夹级别	名称类型
一级文件夹	建筑项目名称
二级文件夹	数字-成果类型名称

1）建筑项目名称：建筑项目名称应是建筑设计图纸中项目名称，由建设方确定。

2）数字：用于区分二级文件夹的排列顺序。

3）成果类型名称：用于区分不同交付物的类型名称，如交付物包括某工艺演示视频，成果类型名称可命名为“视频文件”。

7.2.4　成果文件命名

1　竣工BIM模型及其交付物命名应符合下列规定：

1）竣工BIM模型命名应由项目代码、专业代码、类型、日期、连字符“-”组成。

2）命名宜使用数字、汉字、拼音或英文字符。

2　竣工BIM模型及其交付物命名格式应符合表7-2的规定：

竣工BIM模型及其交付物命名格式　　表7-2

项目代码	—	专业代码	—	类型	—	编号	—	日期
×××××	—	A	—	竣工模型	—	01	—	20210404

1）项目代码：由建设方确定的项目代码，可以用来识别项目类型，宜为英文字符，不超过 4 个字母。

2）专业代码：应符合表 7-3 的规定。

3）类型：用来描述不同类型的成果交付物，如竣工模型、二层平面图纸、消防疏散等。

4）编号：宜用数字表示，如 01、12，用于描述同一成果的版本序号。

5）日期：按年月日表示，如 20210401，用来描述模型交付时间。

专业代码对照表 **表 7-3**

专业（中文）	专业（英文）	专业代码（中文）	专业代码（英文）
规划	planning	规	P
建筑	architecture	建	A
景观	landscape architecture	景	LA
室内装饰	interior design	室内	ID
结构	structural engineering	结	S
给水排水	plumbing engineering	水	PE
暖通	heating，ventilation，and air-conditioning engineering	暖	HVAC
强电	electrical engineering	强电	QE
弱电	electronics engineering	弱电	RE
绿色节能	green building	绿建	G
环境工程	environment engineering	环	EE
勘测	surveying	勘	SU
市政	civil engineering	市政	C
经济	construction economics	经	CE
管理	construction management	管	CM
采购	procurement	采购	PC
招投标	bidding	招投标	B
产品	product	产品	PD

7.2.5 构件命名原则

1 构件命名应满足易识别性、可操作性。

2 构件命名应能方便快捷提取不同类型构件工程量、便捷反映构件所属区域。

3 构件命名可使用数字、汉字、拼音、英文、连接符组成，字符宜简短并应具有唯一性、可识别性。

4 建筑工程全生命期内，同一对象命名应保持前后一致。

5 构件命名原则应同时满足国家、行业和地方现行相关标准的规定。

7.2.6 构件颜色分类

1 构件颜色分类应满足唯一性、可识别性。

2 构件颜色分类应采用RGB值确定。

3 建筑工程全生命期内，构件颜色分类应使用同一标准。

4 构件颜色分类原则应同时满足国家、行业和地方现行相关标准的规定。

7.3 交付内容

7.3.1 一般规定

在竣工验收BIM应用中，施工单位应在施工图BIM模型基础上进行模型补充和完善，预验收合格后应将工程预验收形成的验收资料与竣工BIM模型进行关联，竣工验收合格后应将竣工验收形成的验收资料与竣工BIM模型关联。

7.3.2 模型元素

竣工BIM模型除应包括施工图BIM模型中相关模型元素外，还应附加或关联竣工验收相关资料，其内容宜符合表7-4规定。

竣工 BIM 模型元素及信息　　表 7-4

模型元素类型	模型元素及信息
施工过程模型包括的元素类型	施工过程模型元素及信息
设备信息	设备厂家、型号、操作手册、试运行记录、维修服务等信息
竣工验收信息	(1) 施工单位工程竣工报告。 (2) 监理单位工程竣工质量评估报告。 (3) 勘察单位勘察文件及实施情况检查报告。 (4) 设计单位设计文件及实施情况检查报告。 (5) 建设工程质量竣工验收意见书或单位（子单位）工程质量竣工验收记录。 (6) 竣工验收存在问题整改通知书。 (7) 竣工验收存在问题整改验收意见书。 (8) 工程的具备竣工验收条件的通知及重新组织竣工验收通知书。 (9) 单位（子单位）工程质量控制资料核查记录。 (10) 单位（子单位）工程安全和功能检验资料核查及主要功能抽查记录。 (11) 单位（子单位）工程观感质量检查记录。 (12) 住宅工程分户验收记录。 (13) 定向销售商品房或职工集资住宅的用户签收意见表。 (14) 工程质量保修合同。 (15) 建设工程竣工验收报告。 (16) 竣工图

7.3.3　BIM 应用

竣工阶段 BIM 各应用点及其内容应符合表 7-5～表 7-14 的规定。

土建设计深化 BIM 应用内容一览表　　表 7-5

应用点	应用内容	应用说明
土建深化设计	BIM 模型深化	(1) 搭建复杂节点模型。 (2) 搭建钢筋节点模型。 (3) 搭建预留孔洞模型
	碰撞检查	根据完整模型输出碰撞报告（硬碰撞、软碰撞）

续表

应用点	应用内容	应用说明
土建深化设计	二维制图表达	（1）根据深化模型出具深化图纸（平面图、立面图、剖面图）。 （2）图纸应符合相关制图标准
	模型工程量清单	将完整模型导入算量软件进行构件扣减工作后套用计算定额计算混凝土、钢筋等关键材料工程量

管线设计深化BIM应用内容一览表　　表7-6

应用点	应用内容	应用说明
管线深化设计	机电BIM模型深化	（1）根据设计模型配合施工图进行机电深化。 （2）并依据机电安装规范对各专业管线进行综合调整。 （3）对重点部位如地下室机房、屋面机房等部位进行模型搭建。 （4）如建设方需增设综合支吊架，则进行布置，并出具相应计算书
	碰撞检查	在对机电进行综合调整前后均应输出碰撞报告，并对复杂处附以图片说明并提供调整方案
	二维制图表达	（1）依据机电深化模型输出平面图、剖面详图，并进行标注。 （2）依据重点部位模型输出机电详图。 （3）依据综合支吊架布置模型输出综合支吊架图纸，并对水平、垂直间距标注
	模型工程量清单	将调整完毕后的机电模型导入算量软件进行工程量计算，形成工程量清单

施工场地策划BIM应用内容一览表　　表7-7

应用点	应用内容	应用说明
施工场地策划	施工场地策划模型深化	（1）场地边界（用地红线）。 （2）现状及新（改）建地形。 （3）现状及新（改）建道路、停车场、广场：路缘石、路面、散水、明沟、盖板、停车场设施、广场设施、消防设备、室外附属设施等。

续表

应用点	应用内容	应用说明
施工场地策划	施工场地策划模型深化	（4）现状及新（改）建景观绿化、水体。 （5）现状及新（改）建市政管线。 （6）气候信息、地质条件、地理坐标。 （7）增加施工场地规划内容：施工区域、道路交通、临时设施、加工区域、原材料及预制构件堆场、临水临电、施工机械、安全文明施工设施等
	施工场地策划分析技术报告	依据施工现场平面布置图进行模型搭建，包含塔吊及人货电梯等设备布置，出具相应规划分析报告如群塔碰撞报告

三维可视 BIM 应用内容一览表　　表 7-8

应用点	应用内容	应用说明
三维可视应用	施工方案比选	（1）在收集精确数据的基础上搭建包含方案完整信息的竣工方案 BIM 模型。 （2）对各备选方案可行性、功能性、美观性和经济性等指标进行比选分析，并形成方案比选报告。 （3）依据方案比选报告，确定最佳施工方案及相应施工方案 BIM 模型
	施工方案模拟	（1）现场布置模拟。 （2）垂直运输模拟。 （3）专业分包协调模拟
	施工工艺模拟	基于 BIM 的施工工艺模拟应包含以下内容： （1）重难点工艺模型搭建如高支模、异形节点。 （2）幕墙节点，钢结构雨棚等构件模型搭建。 （3）二次结构工艺模型搭建如砌体墙排布、隔墙板拆分等。 （4）精装修节点模拟如吊顶龙骨排布、瓷砖布置等

预制构件深化 BIM 应用内容一览表　　表 7-9

应用点	应用内容	应用说明
预制构件深化	预制构件深化	（1）准备预制构件施工方案及相关文件和资料。 （2）根据图纸使用 BIM 技术协同建模。 （3）使用 BIM 软件对原 BIM 模型进行分析后合理拆分，并对预制构件模型进行节点设计和添加必要的参数信息。

续表

应用点	应用内容	应用说明
预制构件深化	预制构件深化	(4) 对预制构件模型进行可视化预拼装，通过三维模型检查预制构件是否存在尺寸错误、碰撞等问题，并对模型进行优化处理。 (5) 导出预制构件模型信息，生成预制构件加工图和物料清单，确认无误后，提供给预制构件厂进行生产

施工进度控制BIM应用内容一览表　　表7-10

应用点	应用内容	应用说明
施工进度控制	施工进度控制	(1) 收集现场实际进度信息。 (2) 结合施工进度计划制作施工进度模拟动画，用以直观表达各个时间节点的进展情况。 (3) 将施工进度模拟动画与实际进展情况进行对比，分析偏差原因，并生成施工进度分析报告。 (4) 定期开展进度分析专题会议，及时纠偏，并生成施工进度控制报告

施工成本控制BIM应用内容一览表　　表7-11

应用点	应用内容	应用说明
施工成本控制	施工成本控制	(1) 收集并实时更新现场的实际数据。 (2) 根据现场收集的实际情况，添加成本控制所需的数据信息至施工图BIM模型中，生成成本控制BIM模型。 (3) 与现场商务管理部门校核确认模型的准确性，经确认无误后，导出模型工程量。 (4) 通过造价软件自动接收工程量信息，并关联工程造价相关信息，生成工程量清单文件。 (5) 根据设计变更相关文件，实时更新成本控制BIM模型，并导出因设计变更导致的工程量变更信息，形成变更工程量清单文件。 (6) 待工程完工后，依据施工过程中涉及成本控制的全部数据信息，生成最终用于结算的竣工结算BIM模型

质量安全控制 BIM 应用内容一览表　　表 7-12

应用点	应用内容	应用说明
质量安全控制	质量安全控制	(1) 收集并实时更新现场的实际数据。 (2) 根据现场实际情况对施工图 BIM 模型进行优化处理。 (3) 将优化后的施工图 BIM 模型与质量、安全管理方案导入施工现场管理平台。 (4) 通过施工现场管理平台实时监控现场施工质量、安全管理情况，并及时更新相关信息。 (5) 在出现质量、安全问题后，及时上传至施工现场管理平台，并附以相关图像、视频、音频等信息。 (6) 依据施工现场管理平台集成的质量、安全问题，分析其产生原因，并生成施工质量与安全问题分析报告。 (7) 进而制定并采取解决措施，并将数据保存至模型中。 (8) 收集、记录每次问题的相关资料，并生成质量与安全问题处理报告，积累处理经验，为以后项目的质量、安全控制提供实例依据

竣工交付验收 BIM 应用内容一览表　　表 7-13

应用点	应用内容	应用说明
竣工交付验收	竣工模型创建	依据原设计施工图纸和设计变更文件调整施工图 BIM 模型，形成竣工 BIM 模型
	竣工验收资料编制	编制完整竣工验收资料
	竣工结算	(1) 在竣工 BIM 模型的基础上，添加结算信息形成竣工结算 BIM 模型。 (2) 依据竣工结算 BIM 模型编制结算工程量清单等文件
	竣工图校核报告	依据竣工 BIM 模型校核竣工图绘制的准确性，并形成竣工图校核报告

运维模型管理 BIM 应用内容一览表　　表 7-14

应用点	应用内容	应用说明
运维管理	运维管理	(1) 根据运维管理平台要求对竣工 BIM 模型进行信息调整，形成运维 BIM 模型。

续表

应用点	应用内容	应用说明
运维管理	运维管理	（2）依据运维需求调研表、可行性分析报告等文件，编制运维方案。 （3）运维方案应梳理出不同使用对象的功能性模块和运维应用的角色、权限管理等。 （4）组织相关人员共同商讨确认运维方案的可行性

7.3.4 工作成果

主要工作成果的代码及类别应符合表7-15的规定。

工作成果的代码及类别 **表7-15**

代码	工作成果的类别	备注
D1	竣工 BIM 模型	可独立交付
D2	竣工 BIM 模型成果交付说明	应与 D1 类共同交付
D3	属性信息表	应与 D1 类共同交付
D4	工程图纸	可独立交付
D5	建筑指标表	宜与 D1 或 D4 类共同交付
D6	竣工 BIM 模型工程量清单	宜与 D1 或 D4 类共同交付
D7	技术报告	宜与 D1 类共同交付
D8	交底记录	宜与 D1 类共同交付

注：工程图纸包含电子工程图纸文件。

7.4 交付规定

7.4.1 一般规定

1 竣工 BIM 模型及相关应用成果的交付应按合同约定进行。

2 竣工交付协同过程中，应根据项目需求文件，包括基本建设程序、合同约定、项目需求书、BIM 模型执行计划等要求选取模型交付深度和交付物，项目各参与方应基于协调一致的竣工 BIM 模型协同工作。

3 交付物应包括竣工 BIM 模型、模型成果交付说明、属性信息表等。交付物应使用通用交换格式发送给被交付方，保证被交付方能够完整查看、提取、使用项目信息数据。

1）交付方应保障所有交付物文件链接、信息链接的有效性。

2）竣工 BIM 模型数据传递应基于统一的数据格式（.IFC），保障数据的完整性、有效性。

3）交付物报告应使用（.PDF）格式，视频使用（.MP4）格式，图纸使用（.DWG）格式。

4 交付方应当按照本导则的规定整理合同要求的交付物，并进行自检。

5 竣工 BIM 模型交付的深度应符合项目需求书、BIM 模型执行计划中对于模型单元的深度要求。

6 交付物宜集中管理并设置数据访问权限，不宜采用移动介质或其他方式分发交付。

7 交付物宜由专人发出，被交付方宜安排专人接收交。被交付方在验收竣工 BIM 模型时，应检查下列内容：

1）竣工 BIM 模型与工程项目的符合性检查。

2）不同竣工 BIM 模型单元之间的相互关系检查。

3）竣工 BIM 模型几何精度与规定的符合性检查。

4）竣工 BIM 模型信息的准确性和完整性检查。

5）被交付方应根据项目需求文件，验收交付物，不符合要求的，可以要求交付方重新提交。

6）竣工 BIM 模型的修改应由交付方完成，并应将修改信息提供给被交付方。

8 被交付方在使用竣工 BIM 模型时，应识别和复核下列信息：

1）模型单元的系统类别及其信息编码。

2）模型单元属性的分类、名称及其信息编码。

3）模型单元的属性值。

4）模型单元属性值的计量单位。

5）模型单元属性值的数据来源。

9 交付方应对发出交付物进行记录留档，被交付方应对接收的交付物记录留档。

10 被交付方宜结合BIM应用阶段目标及最终目标，对BIM应用效果进行定性或定量评价，并总结实施经验，提出改进措施。

7.4.2 交付时间

1 交付物应在项目竣工完成后7天内交付给被交付方。

2 建筑项目合同双方可以通过协商确定交付时间，交付时间应写进项目合同文件中。

3 如果交付方不能按时交付交付物，应当提前7天与被交付方协商。

7.4.3 交付流程

竣工BIM模型交付流程宜符合图7-1的规定。竣工BIM模型在交付过程中的各项检查应符合国家、行业和地方现行相关标准的规定，遵循“人检机辅”的原则。

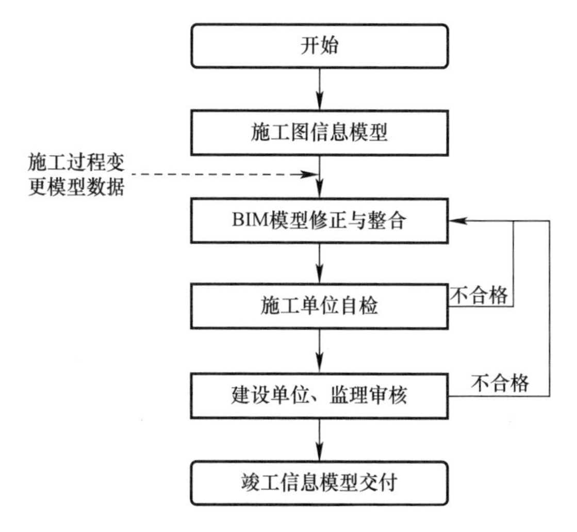

图7-1 竣工信息模型交付流程

第8章　BIM技术服务计费参考标准

8.1　BIM技术服务费用

8.1.1　房屋建筑工程BIM技术服务费用计费标准。

1　BIM技术服务费用＝BIM管理咨询费用＋BIM技术实施费用

2　BIM管理咨询费＝BIM管理咨询计费基数×费率×工程复杂程度调整系数

3　BIM技术实施费用＝（BIM模型建立费用＋BIM技术应用费用）×工程复杂程度调整系数

4　BIM模型建立费用＝BIM模型建立计费基数×BIM模型建立基准价×模型深度调整系数

5　BIM技术应用费用＝BIM技术应用计费基数×单价或费率

6　房屋建筑工程BIM技术服务费用计算关系详见图8-1。

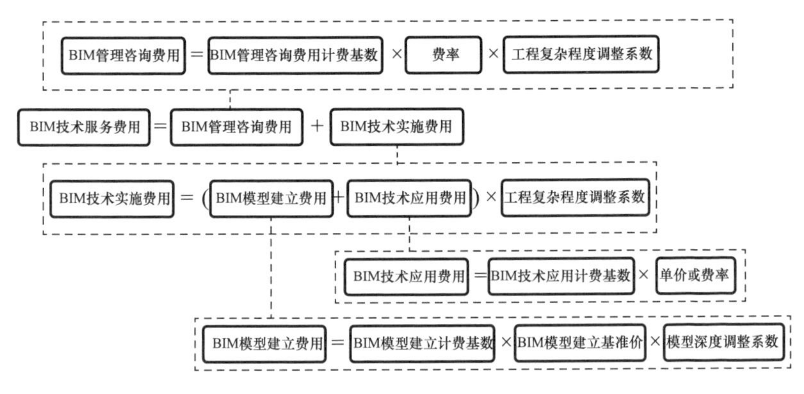

图8-1　BIM技术服务费用计算关系

8.2 BIM管理咨询费用

8.2.1 房屋建筑工程项目全生命期各阶段的BIM管理咨询内容详见表8-1。

BIM管理咨询内容表 **表8-1**

序号	咨询阶段	咨询内容
1	规划阶段	(1) 编制《BIM实施应用方案》，明确BIM在项目各个阶段的实施总体目标及主要任务。 (2) 编制《BIM规划方案》，明确项目在规划阶段的BIM应用及主要内容。 (3) 辅助业主审核《BIM实施应用方案》和《BIM规划方案》。 (4) 应用BIM技术为规划设计单位提供技术支持，辅助进行规划设计，提出优化意见
2	招投标阶段	(1) 确定BIM在项目中的实施目标。 (2) 协助招标方制定BIM招标要求。 (3) 协助招标方编制与BIM有关的招标文件或协助投标方编制符合BIM招标要求的投标文件
3	设计阶段	(1) 编制《设计阶段BIM实施方案》，明确项目在设计阶段的BIM应用及主要内容。 (2) 辅助业主审核《设计阶段BIM实施方案》。 (3) 审核设计单位提交的设计阶段BIM模型，对其开展的BIM应用进行技术指导，提出优化意见
4	施工阶段	(1) 编制《施工阶段BIM实施方案》，明确项目在施工阶段的BIM应用及主要内容。 (2) 辅助业主审核《施工阶段BIM实施方案》。 (3) 制定施工阶段BIM应用目标，明确BIM应用任务，制定BIM应用实施流程，建立BIM会议制度、BIM文件管理制度，制定模型管理标准等，为各分包单位BIM实施提供支持。 (4) 审核施工单位提交的施工阶段BIM成果。 (5) 审核竣工模型

8.2.2 各阶段管理咨询基价详见表 8-2。

BIM 管理咨询基价表 **表 8-2**

序号	咨询阶段	计费基数	费率
1	规划阶段	工程概算价	0.10‰
2	招投标阶段		0.20‰
3	方案设计阶段		0.10‰
4	初步设计阶段		0.20‰
5	施工图设计阶段		0.30‰
6	施工阶段	工程建设合同价	1.00‰

8.3 BIM 模型建立费用

8.3.1 根据不同建筑类别、专业确定相关的 BIM 模型建立基准价格应按表 8-3 执行。

BIM 模型建立基准价表 **表 8-3**

序号	建筑类别	应用专业	计费基数	单价（元/m^2）
1	民用建筑	建筑	建筑面积	2.5
		结构	建筑面积	1.5
		机电	建筑面积	5.0
2	工业建筑	建筑	建筑面积	1.5
		结构	建筑面积	1.0
		机电	建筑面积	2.0

备注：

（1）民用建筑结构专业模型如需含钢筋，单价按 3.0 元/m^2 计算。

（2）工业建筑如含工艺模型，结构专业单价按 5.0 元/m^2，建筑专业单价按 3.0 元/m^2。

（3）装配式模型以“建筑面积×预制装配率”为计费基数，单价按 15 元/m^2。不同建筑等级的价格调整系数如下：

① 装配式建筑等级为一星级：1.0；

② 装配式建筑等级为二星级：1.3；

③ 装配式建筑等级为三星级：1.5。

8.3.2 模型深度调整系数指的是针对同一项目的不同模型构件精度要求进行调整的系数，取值应按表8-4执行，模型精度分为LOD100-500。

模型深度调整系数表　　表8-4

序号	模型深度等级	模型深度要求	调整系数
1	LOD100	具备基本形状，粗略的尺寸和形状，包括非几何数据，仅线、面积、位置	0.5
2	LOD200	近似几何尺寸，形状和方向，能够反映物体本身大致的几何特征。主要外观尺寸不得变更，细部尺寸可调整，构件宜包含几何尺寸、材质、产品信息（例如电压、功率）等	0.8
3	LOD300	物体主要组成部分必须在几何上表述准确，能够反映物体的实际外形，保证不会在施工模拟和碰撞检查汇总产生错误判断，构件应包含几何尺寸、材质、产品信息（例如电压、功率）等。模型包含信息量与施工图设计完成时的CAD图纸上的信息量应该保持一致	1.0
4	LOD400	详细的模型实体，最终确定模型尺寸，能够根据该模型进行构件的加工制造，构件除包含几何尺寸、材质、产品信息外，还应附加模型的施工信息，包括生产、运输、安装等方面	2.0
5	LOD500	详细的运维模型实体，并附带平台参数	3.0

8.3.3 工程复杂程度调整系数指的是针对建设工程项目的建筑类型、造型特征、难易程度等因素进行调整的系数（同一项目具备多种特征时，取系数较高者用以调整），取值应按表8-5执行。

工程复杂程度调整系数表　　表8-5

序号	建筑功能	调整系数
1	普通住宅	0.7
2	酒店、办公、教育	1.0
3	文体场馆	1.3
4	医疗	1.3
5	商业综合体	1.5

8.4 BIM 技术应用费用

根据建筑工程全生命期中涉及的常用 BIM 技术应用点进行罗列，各技术应用点取费应按表 8-6 执行，应用成果参照《泰州市建筑信息模型（BIM）技术应用导则》。

BIM 技术应用费用取值表 **表 8-6**

序号	应用点	计费基数	单价或费率
1	项目选址规划	工程估算价	0.35‰
2	工程地质勘察	工程概算价	0.7‰
3	建设条件分析	工程概算价	0.35‰
4	设计方案制定	工程概算价	0.35‰
5	建筑体量分析	工程概算价	0.35‰
6	交通流线分析	工程概算价	0.35‰
7	建筑立面分析	工程概算价	0.35‰
8	建筑物空间分析	工程概算价	0.35‰
9	虚拟仿真漫游	建筑面积	0.5 元/m^2
10	面积明细表统计	建筑面积	0.5 元/m^2
11	设计方案比选	建筑面积	2.0 元/m^2
12	竖向净高分析	建筑面积	2.0 元/m^2
13	建筑性能模拟	建筑面积	1.5 元/m^2
14	建筑空间分析	建筑面积	1.5 元/m^2
15	虚拟仿真漫游	建筑面积	2.0 元/m^2
16	竖向净空优化	建筑面积	1.0 元/m^2
17	二维制图表达	建筑面积	1.0 元/m^2
18	施工场地策划	建筑面积	2.0 元/m^2
19	图纸模型会审	建筑面积	3.0 元/m^2
20	管线施工深化	建筑面积	5.0 元/m^2
21	预制构件深化	建筑面积	6.0 元/m^2
22	施工方案比选	建筑面积	1.0 元/m^2

续表

序号	应用点	计费基数	单价或费率
23	施工方案模拟	建筑面积	1.0元/m^2
24	施工工艺模拟	建筑面积	0.5元/m^2
25	施工进度控制	工程建设合同价	0.5‰
26	质量安全控制	工程建设合同价	0.5‰
27	施工成本控制	工程建设合同价	0.5‰
28	设计变更管理	工程建设合同价	0.5‰
29	竣工图校核	建筑面积	1.0元/m^2

备注：

(1) 招投标阶段BIM技术应用取费标准及成果依据实际需求参照本表中类似BIM技术应用点单价或费率取费。

(2) 实际项目中如遇到本表各阶段未提及的BIM技术应用点，可参考本表中类似BIM技术应用点单价或费率取费。

8.5　BIM技术服务计费案例

8.5.1　×××项目（施工方）BIM技术服务计费案例

1　项目概况

×××项目总建设用地面积32066m^2，工程建设合同价为2.7亿元，建筑面积36070m^2，其中地上29870m^2，地下5200m^2。使用功能为学员宿舍、教室、餐厅、文体中心、宴会厅及其附属设施等。地下一层，地上十一层，地下室层高6m，首层至三层层高4.5m，四至十一层层高4m，采用装配式混凝土框架结构，预制装配率为53%，装配式建筑等级为二星级。

2　服务需求

本项目采用的是以施工单位为主导的BIM技术应用模式，针对施工建造阶段进行施工场地策划、图纸模型会审、管线施工深化的BIM技术应用工作，模型内容包括建筑、结构、机电和预制构件拆分模型，模型深度目标为LOD300并包含钢筋模型。

3　费用计算

(1) BIM模型建立费计算

BIM模型建立费用基价参考表8-3 BIM模型建立基准价表，

价格调整参考表 8-4 模型深度调整系数表与表 8-5 工程复杂程度调整系数表。

本项目 BIM 模型（不包含装配式模型）建立费计算公式为：

（建筑面积×模型建立基准单价）×模型深度调整系数

＝（36070m^2×10.5 元/m^2）×1.0

＝37.87 万元

本项目装配式模型建立费用为：

［（建筑面积×预制装配率）×（模型建立单价×装配式调整系数）］×模型深度调整系数

＝（36070m^2×53%）×（15 元/m^2×1.3）×1.0

＝37.28 万元

注：此模型包括钢筋模型，模型建立单价为：15 元/m^2。

（2）BIM 技术应用费用计算

BIM 技术应用费用基价参考表 8-6《BIM 技术应用费用取值表》。

本项目 BIM 技术应用费用计算公式为：

（建筑面积×施工场地策划单价＋建筑面积×图纸模型会审单价＋建筑面积×管线施工深化单价）

＝36070m^2×2 元/m^2＋36070×3 元/m^2＋36070m^2×5 元/m^2

＝36.07 万元

（3）费用合计

本项目 BIM 技术实施费用为：

（BIM 模型建立费用＋BIM 技术应用费用）×工程复杂程度调整系数

＝（37.87＋37.28＋36.07）×1.0

＝111.22 万元

本项目无管理咨询费用，故本项目 BIM 技术服务费用为：129.26 万元

8.5.2 ×××项目（咨询方）BIM 技术服务计费案例

1 项目概况

×××项目主要由小学和幼儿园两部分组成。建设用地面积为 34472m^2，建筑面积 31476m^2，其中小学 24500m^2，幼儿园 6800m^2，

建设小学8轨，幼儿园4轨。小学部分包括3栋教学楼，2栋综合楼，报告厅，连廊，后勤服务中心。幼儿园由2栋教学楼组成，本工程概算价格为2.00亿元，后期工程建设合同价为1.90亿元。

2 服务需求

本项目BIM咨询服务贯穿于投标与施工两个阶段，为咨询单位辅助的BIM技术应用模式，模型深度要求为LOD300并包含钢筋模型；在施工建造阶段针对施工场地策划、施工工艺模拟（两项）、施工进度控制与质量安全控制四个方面进行BIM技术应用。

3 费用计算

（1）BIM管理咨询费计算

BIM管理咨询费用基价参考表8-2 BIM管理咨询基价表，价格调整参考表8-5工程复杂程度调整系数表。

本项目工程概算价格为投标阶段BIM管理咨询费用计算公式为：

工程概算价×管理咨询服务费率×工程复杂程度调整系数

＝20000万元×0.20‰×1.0

＝4.00万元

本项目施工阶段BIM管理咨询费用计算公式为：

工程建设合同价×管理咨询服务费率×工程复杂程度调整系数

＝19000万元×1.00‰×1.0

＝19.00万元

（2）BIM模型建立费计算

BIM模型建立费用基价参考表8-3 BIM模型建立基准价表，价格调整参考表8-4模型深度调整系数表与表8-5工程复杂程度调整系数表，本项目建筑总面积为31476m^2，工程建设合同价为1.90亿元，模型深度目标为LOD300。

本项目全专业BIM模型建立费计算公式为：

建筑面积×模型建立基准单价×模型深度调整系数

＝31476m^2 ×10.5元/m^2×1.0

＝33.05万元

（3）BIM 技术应用费用计算

BIM 技术应用费用基价参考表 8-6 BIM 技术应用费用取值表。

本项目 BIM 技术应用费用计算公式为：

建筑面积×施工场地策划单价＋建筑面积×施工工艺模拟单价＋合同价×施工进度控制费率＋合同价×质量安全控制费率

＝31476m^2×2 元/m^2＋31476m^2×0.5 元/m^2＋1.90 亿元×0.5‰＋1.90 亿元×0.5‰

＝26.87 万元

（4）费用合计

本项目 BIM 管理咨询服务费用为：

投标阶段管理咨询服务费＋施工阶段管理咨询服务费

＝4.00 万元＋19.00 万元

＝23.00 万元

本项目 BIM 技术实施费用为：

（BIM 模型建立费用＋BIM 技术应用费用）×工程复杂程度调整系数

＝（33.05 万元＋26.87 万元）×1

＝59.92 万元

本项目 BIM 技术服务费用为：

BIM 管理咨询费＋BIM 技术实施费

＝23.00 万元＋59.92 万元

＝82.92 万元

参考文献

[1] 中国建筑科学研究院. 建筑信息模型应用统一标准 GB/T 51212—2016. 北京：中国建筑工业出版社，2017.

[2] 中国建筑标准设计研究院有限公司. 建筑信息模型分类和编码标准 GB/T 51269—2017. 北京：中国建筑工业出版社，2018.

[3] 中国建筑科学研究院，中国建筑股份有限公司. 建筑信息模型施工应用标准 GB/T 51235—2017. 北京：中国建筑工业出版社，2018.

[4] 中华人民共和国住房和城乡建设部. 建筑信息模型设计交付标准 GB/T 51301—2018. 北京：中国建筑工业出版社，2019.

[5] 江苏省勘察设计协会，江苏省邮电规划设计院有限责任公司. 江苏省民用建筑信息模型设计应用标准 DGJ32/TJ 210—2016. 南京：江苏省工程建设标准站组织出版，2016.

后　记

泰州是传统的建筑强市。近年来，BIM 技术在泰州应用、推广的力度越来越大，就是希望借数字化改革的契机推动建筑业转型升级，筑牢建筑强市的基础。

2018 年 9 月，泰州市住建局与江苏省建安集团、南京理工大学泰州科技学院联合成立泰州市 BIM 工程技术研究中心，共建泰州市 BIM 技术人才培养基地，标志着 BIM 技术应用和推广迈出了坚实的一步。

2019 年，泰州全面开启了 BIM 技术的应用实践新征程。市政府出台了《泰州市推进建筑信息模型技术应用的实施意见》（泰政办发〔2019〕26 号），明确了项目应用的范围；成功举办了中国·泰州第一届 BIM 工程技术峰会，近 400 位行业精英齐聚凤城，共谋 BIM 工程技术发展大计；组织了技术应用大赛、项目试点、技能工人竞赛等一系列活动，掀起一波又一波 BIM 技术应用的新高潮。

2020 年以来，泰州 BIM 技术应用和推广进一步朝着系统化、体系化发展方向迈进。市政府召开电子政务工作领导小组联席会议，批准泰州市 BIM 协同管理平台项目建设，进一步提升工程建设数字化管理水平。

项目获批后，要将平台真正建好、用好，才能不辜负建筑企业、社会各界的殷切期望。在管理体系方面，市住建局迅速组织专家，起草 BIM 辅助审图、BIM 辅助招投标实施方案，研究制定 BIM 收费参考标准、BIM 交房系统实施细则等。在技术体系建设方面，主要依托泰州本地培养起来的青年人才编制 BIM 设计模型交付导则、BIM 竣工模型交付导则、BIM 技术应用导则。现在，由这三项导则汇编而成的《房屋建筑工程全过程 BIM 应用指南》即将付梓，令人振奋，倍感欣慰。

振奋的是，大家几百个日日夜夜的辛劳终于结出硕果，瓜熟蒂落，总有一种丰收的喜悦。在我这个外行看来，BIM 技术高深莫测。如此纷繁杂芜的高技术应用导则，竟然是由我们住建系统几个年轻的“土专家”倒腾出来的，我这个当“班长”的，当然觉得脸上有光。纵览全篇，条理清晰、结构严谨、内容详实，蔚为大观。随着《房屋建筑工程全过程 BIM 应用指南》的付梓、宣传、推广，泰州建筑业转型升级的步伐将越来越豪迈、坚实。

当然，建筑业的转型升级，涉及制度创新、机制创新、人才支持、金融支撑等各个方面，我们不能指望推广 BIM 应用就能“毕其功于一役”。欣慰的是，通过平时的交流、评审专家的点评、建筑企业的反馈，我越来越感觉到我们从事 BIM 应用的一帮年轻同志业务上不断进步，技术上不断成熟，越来越接近我所希翼的“行家里手”。从这方面讲，《房屋建筑工程全过程 BIM 应用指南》不仅是建筑技术交流的业务平台，也是住建干部成长独特的舞台。今后，我愿意为他们搭建更多的舞台，让越来越多的年轻同志在这个舞台上刻苦钻研、长袖善舞，泰州的城乡建设事业一定未来可期、欣欣向荣。

最后，感谢本书所有编者的不懈努力，感谢正太集团有限公司、锦宸集团有限公司、中城建第十三工程局有限公司、江苏省建安集团有限公司以及南京理工大学泰州科技学院对于书籍出版刊印所给予的支持和帮助，感谢大家对泰州建筑业转型和 BIM 技术发展的付出和努力。

2021 年 9 月 9 日